KB115048

한국 양서류 생태 도감
The Encyclopedia of Korean Amphibians

한국 생물 목록 17
Checklist of Organisms in Korea 17

한국 양서류 생태 도감
The Encyclopedia of Korean Amphibians

펴 낸 날 | 2016년 4월 11일 초판 1쇄
글 · 사진 | 이정현, 박대식
펴 낸 이 | 조영권
만 든 이 | 노인향
꾸 민 이 | 강대현

펴 낸 곳 | 자연과생태
주소_서울 마포구 신수로 25-32, 101(구수동)
전화_02)701-7345-6 팩스_02)701-7347
홈페이지_www.econature.co.kr
등록_제2007-000217호

ISBN 978-89-97429-62-2   93490

이정현 ⓒ 2016

이 책의 저작권은 저자에게 있으며, 저작권자의 허가 없이 복제, 복사, 인용, 전제하는
행위는 법으로 금지되어 있습니다.

한국 생물 목록 17
Checklist of Organisms in Korea 17

한국 양서류 생태 도감
The Encyclopedia of Korean Amphibians

글·사진 이정현, 박대식

자연과생태

일러두기

- 2016년 현재 우리나라에서 서식하는 양서류 전종(7과 18종)을 수록했다.
- 국내·외 법정관리현황은 2016년 1월을 기준으로 표기했다.
- 각 종의 국명, 학명, 영명은 <한국양서·파충류학회 종 목록>, <국립생물자원관 한반도의 생물자원 포털>, <Amphibian Species of the World 6.0> 등을 참고했다.
- 각 종의 분포, 분류, 생활사, 법정관리현황, 형태, 생태 등에 대한 상세한 설명과 다양한 생태 사진을 수록했다. 특히, 생태의 경우, 과거부터 현재까지 출간된 논문과 보고서를 요약·제시했고 출처를 확인할 수 있도록 참고문헌을 별도로 정리했다.
- 국외 연구자가 참고할 수 있도록 종의 주요 특성을 영문으로 요약·수록했다.

우리가 지켜야 할 작고 소중한 생명

　원시 양서류는 약 3억 6,000만 년 전인 고생대 데본기에 물과 뭍에서 아가미와 허파로 호흡했던 어류의 일부(총기어류와 폐어류)에서 기원했습니다. 분류학적으로는 동물계-척삭동물문-양서강에 속하며, 양서강은 무족영원목, 유미목, 무미목이라는 3개 하위 목으로 분류됩니다. 무족영원목은 다리가 없는 무리로 주로 열대, 아열대 지역에서 땅속에 굴을 파고 삽니다. 유미목은 변태 이후에도 꼬리가 남아 있는 무리로 도롱뇽류와 영원류가 이에 속하며, 무미목은 유생시기에는 꼬리가 있지만 변태 과정에서 꼬리가 없어지는 무리로, 개구리류와 두꺼비류가 이에 속합니다. 양서류는 극지방을 제외한 세계 모든 대륙에 분포하며, 현재 약 7,100종이 있습니다.

　양서류의 특징은 물과 뭍을 오가며 생활한다는 점입니다. 양서류는 대개 물에서 번식하고 알에서 부화한 유생은 아가미로 호흡합니다. 유생은 변태 과정을 거쳐 성체로 탈바꿈하며, 이때 아가미가 사라지고 허파가 생깁니다. 또 네 다리가 발달하고 눈과 입이 커지는 등 형태적, 생리적으로 매우 큰 변화를 겪습니다. 변태를 마친 성체도 허파호흡만으로는 충분하지 않기 때문에 피부호흡을 함께합니다. 그래서 양서류 대부분은 원활하게 호흡할 수 있도록 항상 피부가 축축합니다. 많은 양서류가 물 근처나 땅속, 산림이 울창한 깊은 산속처럼 습한 곳에서 사는 이유입니다.

　어류, 파충류와 마찬가지로 변온동물인 양서류는 주변 환경에 따라 제온이 변합니다. 따라서 온대지방에 사는 양서류는 대개 겨울이 되면 땅속이나 물속에서 동면하고 여름에는 잡아먹은 먹이를 소화하려고 하루의 대부분을 일광욕하며 보냅니다. 양서류는 어류와 비슷하게 물속에서 알을 낳고 체외수정으로 번식하는데, 일부 종은 새끼를 낳거나 육지에 알을 낳기도 합니다. 이처럼 다양한 번식 방법은 진화적으로 어류와 파충류 사이를 연결하는 양서류의 분류학 위치를 그대로 보여 줍니다.

2004년 세계자연보전연맹(IUCN)에서 발표한 포유류, 조류, 양서류의 절멸(멸종) 비율 보고서에 따르면, 현재 세계에서 확인되는 양서류의 절멸 비율은 자연스러운 절멸 비율보다 최대 48배 이상 높습니다. 그 이유는 양서류가 생존하려면 건강한 물과 뭍 환경이 필요하며, 다른 척추동물군에서는 볼 수 없는 '변태'라는 급격한 변화 시기를 거치기 때문입니다. 그 밖에도 기후변화, 오존층 파괴에 따른 자외선 증가, 서식지 교란과 파괴, 오염 물질 유입, 외래종 전파와 각종 질병 증가(항아리곰팡이병, 개구리바이러스 따위) 같은 위협요인들이 전 세계 양서류 급감을 초래하고 있습니다.

위협요인에 따른 개체군 급감은 우리나라에서도 관찰됩니다. 매년 일찍 따뜻해지는 봄 날씨로 말미암아 도롱뇽류와 산개구리류의 번식시기가 과거에 비해 보름에서 한 달가량 앞당겨졌고, 택지 개발과 도로 건설 같은 각종 개발 탓에 서식지가 훼손되거나 없어지는 사례가 빈번합니다. 또한 세계 각지에서 발생한 양서류 집단 폐사의 원인으로 밝혀진 항아리곰팡이 감염균이 우리나라 양서류에서도 발견되었으며, 1970년대부터 본격적으로 수입되어 전국으로 퍼진 황소개구리 역시 우리나라 양서류에 많은 악영향을 미칩니다.

양서류는 먹이사슬에서 하위 소비자와 상위 소비자를 연결하며, 물 생태계에서 생산된 에너지를 뭍 생태계로 옮기는 연결 고리 역할을 합니다. 이처럼 양서류는 물과 뭍 생태계의 건강성을 대변하는 생물이므로, 우리는 양서류에 관심을 가지고 적극적으로 보호해야 합니다. 현재 우리나라에는 양서류 18종(유미목 5종, 무미목 13종)이 살며, 이 가운데 수원청개구리(Ⅰ급), 맹꽁이(Ⅱ급), 금개구리(Ⅱ급) 3종을 멸종위기야생생물로 지정, 보호하고 있습니다.

이 책에서는 우리나라에 사는 양서류 7과 18종을 분류, 형태, 생태로 나눠 상세히 설명하고, 저자가 직접 촬영한 사진을 수록했습니다. 각 종별 첫 페이지는 대표 사진과 함께 분류학 위치, 영명, 학명, 분포, 법적관리현황과 생활사를 실어 각 종의 현황을 한눈에 알 수 있도록 했고, 학명을 포함해 분류학 연구 결과가 새롭게 추가된 종은 '분류' 항목에 주요 내용을 요약해 실었습니다. '형태' 항목에서는 성체, 유생(올챙이), 알의 특징을 서술했고, '생태' 항목에서는 우리나라에 사는 양서류를 대상으로 과거부터 현재까지 진행된 국내외 연구 논문과 보고서 등의 내용을 요약했습니다. 또한 인용 문헌의 출처를 밝혀 관련 자료를 쉽게 찾아 볼 수 있도록 했으며, 외국 연구자도 참고할 수 있도록 영문으로 분류, 형태, 생태의 핵심 내용을 요약해 수록했습니다.

『양서류 생태 도감』을 발간하는 데 도움을 주신 한국 양서·파충류학회 회원분들께 감사합니다. 또한 이 책의 전체 구성과 내용을 함께 고민하고 검토해 주신 국립생물자원관 유정선 과장님, 양병국 연구관님, 서재화 연구관님, 허위행 연구관님, 종별 분류와 현황에 대해 조언해 주신 국립공원연구원 송재영 박사님, 좋은 사진을 이 책에 사용할 수 있도록 허락해 주신 이상철 박사님, 박찬진 박사님, 장환진 선생님께 감사합니다. 아울러 항상 곁에서 무한한 지지와 조력을 아끼지 않는 사랑하는 아내와 두 아들에게도 감사의 마음을 전합니다. 마지막으로 박사학위 연구로 많이 힘들고 어려울 때, 늘 곁에서 든든하게 지원해 주었던 강원대학교 양서·파충류 연구실 후배 고(故) 이헌주 군의 명복을 빕니다.

2016년 4월

이 정 현

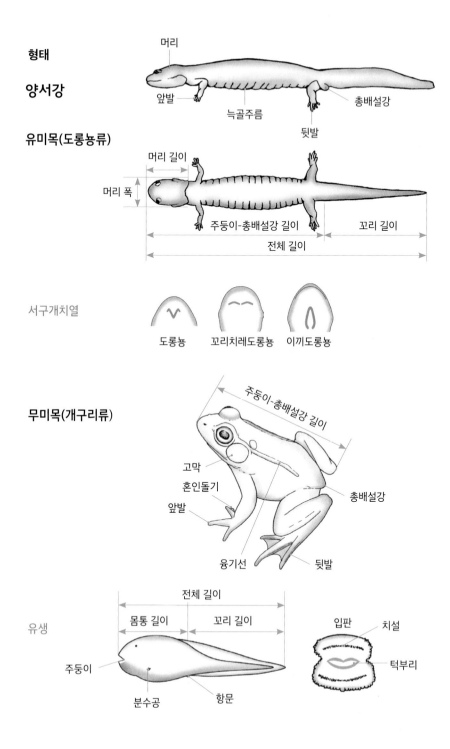

형태

양서강

머리

앞발

늑골주름

총배설강

뒷발

유미목(도롱뇽류)

머리 길이

머리 폭

주둥이-총배설강 길이

꼬리 길이

전체 길이

서구개치열

도롱뇽

꼬리치레도롱뇽

이끼도롱뇽

무미목(개구리류)

주둥이-총배설강 길이

고막

혼인돌기

앞발

융기선

총배설강

뒷발

유생

전체 길이

몸통 길이

꼬리 길이

주둥이

분수공

항문

입판

치설

턱부리

기재용어

전체 길이(TL; total length) 주둥이부터 꼬리 끝까지 길이

주둥이 총배설강 길이(SVL; snout-vent length) 주둥이부터 총배설강까지 길이

늑골주름(costal groove) 몸통 측면에 있는 늑골 사이의 주름

서구개치열(vomerine teeth series) 입천장과 서골에 걸쳐 나 있는 작은 이빨 열

미골(coccyx) 총배설강에서부터 꼬리 끝까지 있는 척추 뼈

총배설강(cloaca) 소화기, 생식기, 비뇨관이 하나로 모여 있는 주머니

혼인돌기(nuptial pad) 번식기 수컷의 발가락에 생기는 근육질 돌기 또는 혹

귀샘(paratoid gland) 눈 뒤에 혹 모양의 샘으로 독을 만들고 저장하는 기관

기계적 감각 기관(mechanosensory lateral line system) 공기와 물의 진동(소리) 같은 물리적 자극을 감지하는 기관

페로몬(pheromone) 같은 종의 다른 개체를 자극하거나 특정 행동을 유발하기 위해 체내에서 만들어 외부로 방출하는 화학물질

분수공(spiracle) 올챙이가 호흡할 때 입으로 들어온 물이 몸 밖으로 나가는 구멍

입판(oral disc) 올챙이의 주둥이를 포함한 입 주변

치열(labial tooth row) 올챙이의 입판에 주변에 있는 가로로 나 있는 치설 열

교질층(colloid layer) 알을 감싸고 있는 투명한 콜로이드 형태 액체 층

동물극(anomal pole) 양서류의 알 윗부분, 난황 양이 적은 부분

식물극(vegetal pole) 양서류의 알 아랫부분, 난황 양이 많은 부분

체외수정(external fertilization): 암컷 체외에서 알과 정자가 수정되는 번식 방법

동종포식(cannibalism) 한 개체가 같은 종의 다른 개체를 잡아먹는 행동

연령선(LAG; lines of arrested growth) 동면기와 활동기 뼈 성장속도 차이로 인해 뼈 조직 사이에 서로 구분되는 선

뼈나이테법(skeletochronology) 양서류 발가락 뼈에 형성된 연령선 개수를 확인하는 실험법

개체변이(individual variation) 같은 종 사이에서 개체에 따라 형질이 다르게 나타나는 현상

후행이명(junior synonym) 동종이명(같은 종에 부여된 여러 개의 다른 학명) 가운데 가장 일찍 공표된 것은 선행이명이며, 선행이명보다 늦게 공표된 학명을 후행이명이라고 함

참고문헌: 원홍구(1971), 강과 윤(1975), Powell *et al.*,(1998), Park *et al.*,(2006), 주영돈(2009)

종 검색표

1. 성체는 꼬리가 있다. ··· 2
   성체는 꼬리가 없다. ··· 5

2. 주둥이에 홈이 있고 발가락 사이에 작은 물갈퀴가 있다. ························ **이끼도롱뇽**
   주둥이에 홈이 없고 발가락 사이에 작은 물갈퀴가 없다. ························ 3

3. 꼬리는 몸통보다 길고 발가락 끝에 흑색 발톱이 있다. ··················· **꼬리치레도롱뇽**
   꼬리는 몸통과 같거나 짧고 발가락 끝에 흑색 발톱이 없다. ······················ 4

4. 서구개치열은 'Ⅴ'모양으로 서구개치는 31~36개, 미골은 26~30개이다.
   ··· **도롱뇽**
   서구개치열은 'Ⅴ' 모양으로 서구개치는 36~42개, 미골은 24~29개이다.
   ·· **제주도롱뇽**
   서구개치열은 'Ⅴ' 모양으로 서구개치는 31~36개, 미골은 24~26개이다.
   ·· **고리도롱뇽**

5. 몸통과 다리에 크고 작은 원형 돌기가 있다. ································· 6
   몸통과 다리에 크고 작은 원형 돌기가 없다. ································· 8

6. 위턱과 아래턱에 작은 이빨이 있고 귀샘이 없다. ····················· **무당개구리**
   위턱과 아래턱에 작은 이빨이 없고 귀샘이 있다. ····················· 7

7. 성체의 몸길이가 6㎝ 이상이고 머리에 고막이 뚜렷하다. ····················· **두꺼비**
   성체의 몸길이가 6㎝ 미만이고 머리에 고막이 불분명하다. ····················· **물두꺼비**

8. 네 다리의 발가락 끝에 흡판이 있다. ······································· 9
   네 다리의 발가락 끝에 흡판이 없다. ······································· 10

9. 주둥이는 뭉툭하고 수컷의 울음주머니는 대부분 흑색이다. ················ **청개구리**
   주둥이는 뾰족하고 수컷의 울음주머니는 대부분 황색이다. ··············· **수원청개구리**

10. 뒷다리는 앞다리에 비해 1.5배 정도 길고 고막이 뚜렷하지 않다. ·················· **맹꽁이**
    뒷다리는 앞다리에 비해 1.5배 이상 길고 고막이 뚜렷하다. ························· 11

11. 등면이 대체로 거칠고 짧은 융기선이 산재한다. ····························· **옴개구리**
    등면이 대체로 매끄럽다. ·· 12

12. 성체의 몸길이가 10㎝ 이상이고 등면에 긴 융기선이 없다. ················· **황소개구리**
    성체의 몸길이가 10㎝ 미만이고 등면에 긴 융기선이 1쌍 있다. ······················· 13

13. 등면의 긴 융기선 사이에 짧은 융기선들이 산재한다. ······························· 14
    등면의 긴 융기선 사이에 짧은 융기선들이 없다. ·································· 15

14. 등면의 긴 융기선이 좁고 융기선 사이에 줄무늬가 있다. ····························· **참개구리**
    등면의 긴 융기선이 넓고 융기선 사이에 줄무늬가 없다. ························· **금개구리**

15. 눈 뒤에서부터 암갈색 줄무늬가 있고 넓적다리와 정강이를 합한 뒷다리 길이가 몸길이보다 길다. 주둥이 가장자리에 황백색 줄무늬가 없다.
    ·· **북방산개구리**
    주둥이 또는 눈 뒤에서부터 암갈색 줄무늬가 있고 넓적다리와 정강이를 합한 뒷다리 길이가 몸길이보다 짧다. 주둥이 가장자리에 황백색 줄무늬가 없다.
    ·· **계곡산개구리**
    주둥이에서부터 콧구멍과 눈을 지나 암갈색 줄무늬가 있고 넓적다리와 정강이를 합한 뒷다리 길이가 몸길이보다 길다. 주둥이 가장자리에 황백색 줄무늬가 있다.
    ·· **한국산개구리**

참고문헌: 강과 윤(1975), 양 등(2001)

차례

한국 양서류 생태 도감

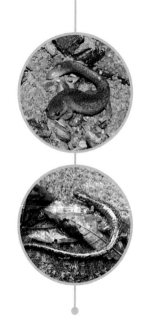

도롱뇽

학명 *Hynobius leechii* Boulenger, 1887
영명 Korean Salamander, Gensan Salamander, Chinese Salamander

분포

국내 전국(제주도, 서·남해안 및 경상남도 일부 지역 제외)
국외 북한, 중국

법정관리현황

국내 포획·채취 등의 금지 야생생물,
　　　수출·수입 등의 허가대상 야생생물
국외 IUCN Red List 'LC' (Least Concern, 최소관심)

형태

성체 전체 길이는 8~13㎝, 주둥이부터 총배설강까지의 길이는 5~9㎝, 꼬리 길이는 4~7㎝이다. 등면은 보통 황색, 황갈색 또는 암갈색이고 작은 흑색, 흑갈색 반점이 산재한다. 개체에 따라 작은 백색, 회백색 반점이 있는 경우도 있다. 반점은 보통 등면보다는 몸통 측면과 다리 쪽으로 갈수록 많아진다. 배면은 황색, 담황색 또는 회백색이고 작은 흑갈색 반점이 산재한다. 번식기에 수컷은 대부분 흑색, 암갈색 또는 암회색을 띠는 반면, 암컷은 대부분 황색, 황갈색을 띤다. 머리는 둥글고 납작하다. 서구개치열은 'ᐱ' 모양이고 서구개치는 31~36개다(양 등, 2001). 몸통 측면의 늑골주름은 12~14개다. 앞발가락은 4개, 뒷발가락은 5개다. 꼬리는 원통형으로 끝으로 갈수록 가늘고 납작해진다. 미골 수는 26~30개다(양 등, 2001). 번식기 수컷은 호르몬의 영향으로 골격이 두드러지고, 총배설강 주변이 둥글고 크게 부풀어 오르며, 꼬리는 넓고 납작해진다. 반면 암컷은 산란 직전에만 총배설강이 작게 부풀어 오르고 꼬리에는 큰 변화가 나타나지 않는다.

유생 등면은 황색, 황갈색 또는 암갈색이고 작은 흑색, 흑갈색 반점이 산재한다. 작은 반점은 꼬리로 갈수록 크고 많아진다. 몸통에 비해 머리가 크고 목덜미에는 겉아가미가 세 갈래로 나 있다. 꼬리지느러미는 등면 중간에서부터 얇은 막 형태로 시작된다. 갓 부화한 유생의 양쪽 뺨에는 평형곤이 있는데 20일 정도 지나면 없어진다. 올챙이와 달리 앞다리가 먼저 나오고 뒷다리는 나중에 나온다. 발가락, 다리, 꼬리의 일부를 다치거나 잘려도 일정한 시간이 지나면 정상적으로 재생된다.

알 알은 질기고 투명한 알주머니 안에 들어 있다. 알주머니는 양쪽 끝이 가는 원통형으로 둥글게 말려 있다. 갓 낳은 알주머니는 쭈글쭈글하고 반투명한 백색을 띠지만 시간이 지남에 따라 물이 스며들어 팽팽하고 투명해진다. 암컷 한 마리는 알주머니 한 쌍을 낳으며, 안에는 알이 60~110개 들어 있다. 알 지름은 2~2.5㎜이고 투명한 교질층은 3겹이다(강과 윤, 1975). 암컷은 알주머니 한쪽 끝을 낙엽, 나뭇가지, 수초, 돌, 바위 등과 같은 곳에 붙여서 산란한다. 체외수정을 하려고 몰려든 수컷들의 몸싸움으로 알주머니가 바닥에 떨어지기도 한다.

생태

산지 주변의 계곡, 하천, 습지 근처의 바위, 돌, 고목, 낙엽 아래와 같이 항상 습한 곳에 주로 서식한다. 번식기는 2월부터 4월까지고 서식지 주변의 계곡, 하천, 습지, 물웅덩이, 논, 도랑, 농수로와 같은 곳에 산란한다. 산란 장소로 고인 물을 선호하지만 주변 환경에 따라 하천, 계곡, 콘크리트 농수로처럼 유속이 느린 지점에 산란하기도 한다. 유생 시기에 같은 종을 잡아먹는 습성이 있으며 동종포식의 영향으로 유생의 머리가 크게 자라기도 한다(김 등, 2012). 수컷은 암컷보다 먼저 번식지에 도착하고 몸집이 큰 수컷일수록 번식지에 오랫동안 머물며 번식에 참여한다(Lee and Park, 2008). 수컷은 몸통 흔들기(물리적 신호)를 하거나 페로몬(화학적 신호)을 이용해 구애행동을 하고, 번식지에 한동안 머물며 여러 번 번식한다(Kim *et al.*, 2009). 머리와 몸통에 있는 기계적 감각 기관(측선기관)으로 물결 진동과 같은 물리적 신호를 감지할 수 있다(Park *et al.*, 2008). 수명은 10년 정도고 수컷은 3~5년생, 암컷은 4~7년생이 주로 번식에 참여한다(Lee and Park, 2008). 번식이 끝나면 주변 산림과 계곡 주변으로 되돌아간다. 주로 밤에 활동하고 육상에서는 개미, 귀뚜라미, 지렁이, 거미와 같은 곤충류, 빈모류, 거미류 등을 잡아먹고, 물속에서는 옆새우, 강도래와 같은 갑각류, 수서곤충류를 잡아먹는다(윤 등, 1996a).

Hynobius leechii Boulenger, 1887

Distribution

Widely distributed throughout Korean peninsula, excepting Jeju-island and southwestern coastal regions

Identification and ecology

Total length 8~13㎝, snout-vent length 5~9㎝, tail length 4~7㎝. 12~14 costal grooves and 4 and 5 toes at each front-feet, and hind-feet. Dorsal color from yellowish brown to dark brown, with tiny black dots. Ventral color from light yellow to gray, with tiny white dots. 31-36 vomerine teeth in 'ᄉ' shape. 26-30 caudal vertebrae. Breeding season between the beginning of February and April. Breeding sites swamps, rice-paddies, and backwater pools of slowly moving streams. Clutch size 60~110 eggs. Breeding males mainly 3~5 years old and females 4~7 years old. Longevity more than 10 years. Major preys Insecta, Oligochaeta, and Arachnida including ants, beetles, cricket, and spiders.

유생(2013년 6월, 강원 삼척)

알(2014년 4월, 강원 홍천)

준성체(2011년 6월, 충남 아산)

성체 수컷(아래)과 암컷(위)(2012년 3월, 충북 단양)

산지 주변에 있는 논(2011년 3월, 충남 청양)

논과 밭 주변에 있는 도랑(2012년 4월, 충남 아산)

산지 주변에 있는 계곡(2011년 3월, 충남 청양)

벼 그루터기에 붙은 알주머니(2011년 4월, 충북 청주)

식물 잔해에 붙은 알주머니(2012년 4월, 충남 아산)

투명한 교질층이 3겹인 알(2009년 4월, 강원 춘천)

기관형성기에 접어든 배아(2011년 4월, 강원 홍천)

부화를 앞둔 유생(2011년 4월, 경기 포천)

몸 전체에 흑색 반점이 산재한 유생(2011년 6월, 강원 영월)

세 갈래 겉아가미가 보이는 유생(2011년 6월, 충남 청양)

번식기에 꼬리가 납작해진 수컷(2012년 3월, 강원 원주)

번식기에 꼬리가 둥근 암컷(2012년 3월, 강원 원주)

번식기 수컷(아래)과 암컷(위)(2012년 3월, 강원 영월)

몸통 흔들기로 구애하는 수컷(2014년 3월, 대구 달성)

산란하기 좋은 장소를 두고 싸우는 수컷(2014년 3월, 대구 달

후각으로 암컷의 번식 상태를 확인하는 수컷(2014년 3월, 대구 달성)

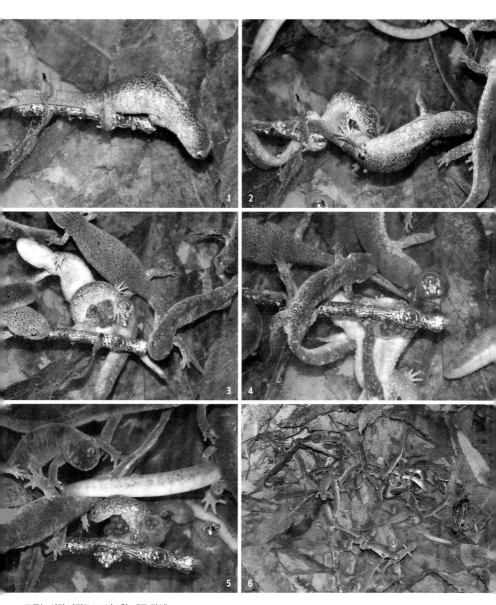

도롱뇽 산란 과정(2014년 3월, 대구 달성)
1 산란 직전에 암컷이 나뭇가지에 알주머니 한쪽 끝을 붙인다.
2 암컷의 산란을 눈치챈 수컷이 접근해 알주머니를 껴안는다.
3 수컷은 몸을 둥글게 말아 알주머니를 꼭 붙잡는다.
4 수컷이 알을 잡고 움직여 알주머니를 빼낸다.
5 수컷이 알을 움켜잡고 체외수정한다.
6 수십 마리가 한곳에 모여 집단으로 번식한다.

번식지에서 한동안 머무는 수컷(2011년 4월, 충북 단양)

산란 다음날의 알주머니(2011년 4월, 충북 단양)

서식지로 되돌아간 도롱뇽(2011년 6월, 강원 영월)

방어 자세를 취한 도롱뇽(2012년 3월, 강원 춘천)

올챙이에게 공격당하는 알주머니(2011년 4월, 충북 단양)

동종포식으로 머리가 커진 도롱뇽 유생(2005년 5월, 강원 평창)

올챙이를 잡아먹는 유생(2010년 5월, 강원 원주)

귀뚜라미를 잡아먹는 도롱뇽(2009년 2월, 실내 촬영)

척삭동물문 > 양서강 > 유미목 > 도롱뇽과

제주도롱뇽 한국고유종

학명 *Hynobius quelpaertensis* Mori, 1928
영명 Che-ju salamander, Jeju salamander

분포

국내 제주도, 서·남해안 일부 지역(변산반도, 서천, 진도, 해남, 부안, 장성, 거제, 남해)

법정관리현황

국내 포획·채취 등의 금지 야생생물,
　　　수출·수입 등의 허가대상 야생생물
국외 IUCN Red List 'DD' (Data Deficient, 정보부족)

형태

성체 전체 길이는 9~14㎝, 주둥이부터 총배설강까지의 길이는 6~9㎝, 꼬리 길이는 4~8㎝이다. 등면은 황색, 황갈색, 흑갈색이고 작은 흑색, 회백색 반점이 산재한다. 배면은 담황색, 회백색이고 작은 백색, 황갈색 반점이 산재한다. 번식기에 수컷은 흑색, 흑갈색, 암갈색을 띠는 반면, 암컷은 황색, 황갈색을 띠므로 쉽게 성별을 구별할 수 있지만, 종종 수컷과 암컷의 체색이 같은 경우도 있다. 제주도롱뇽은 도롱뇽, 고리도롱뇽과 매우 유사하기 때문에 형태와 체색만으로는 서로 구별하기 어렵다. 입천장의 서구개치열은 'ᐱ' 모양이고, 서구개치의 수는 37~42개로 도롱뇽보다 많다(양 등, 2001). 몸통 측면에 늑골주름이 12~13개 있고 미골은 24~29개다(Yang et al., 1997). 번식기 수컷과 암컷의 형태 변화는 도롱뇽과 같다.

유생 등면은 황색, 황갈색이고 작은 흑색 반점이 온몸에 산재한다. 흑색 반점은 꼬리로 갈수록 크고 명확해진다. 몸통에 비해 머리가 상대적으로 더 크고 목덜미에는 겉아가미가 세 갈래로 나 있다. 꼬리지느러미는 등면의 중간에서부터 얇은 막 형태로 시작된다. 갓 부화한 유생은 양쪽 뺨에 평형곤 한 쌍이 있다.

알 알은 질기고 투명한 알주머니 안에 들어 있다. 알주머니는 양쪽 끝이 가는 원통형으로 도롱뇽의 알주머니와 유사하다. 암컷 한 마리는 알주머니 한 쌍을 낳는다. 알주머니 대부분은 한쪽 끝이 나뭇가지, 자갈, 돌, 바위 등에 붙어 있다. 알 지름은 2~2.5㎜이고 투명한 교질층은 3겹이다(강과 윤, 1975). 알주머니 한 쌍 속에는 알이 60~120개 들어 있다.

생태

제주도에서는 해안부터 중·산간 지역까지 넓게 분포하며, 주로 산림지대, 경작지, 하천 주변의 초지, 바위, 돌, 고목, 낙엽 아래에서 서식한다. 번식기는 1월부터 3월까지지만 때때로 12월에 이른 산란이 관찰되기도 한다. 번식기에는 계곡과 하천의 암반 위에 고인 물, 오름 정상의 습지, 경작지 주변의 도랑, 목초지의 물웅덩이, 곶자왈의 습지에서 알과 성체를 볼 수 있다. 수컷이 먼저 번식 장소에 도착해 물속의 나뭇가지 또는 바닥에서 몸통 흔들기(물리적 신호)를 하거나 페로몬(화학적 신호)을 이용해 구애행동을 한다. 몸집이 큰 수컷이 작은 수컷에 비해 짝짓기에 유리하며, 수컷 여러 마리가 동시에 알주머니 하나에 수정하는 다수정이 자주 관찰된다(송, 2011). 번식기에 수컷은 번식지에서 한동안 머물며 여러 번 번식에 참여한다. 산란할 수 있는 장소가 한정된 제주도의 특성상, 한 장소에서 알주머니 수백에서 수천 개가 무더기로 발견되기도 한다. 번식기가 끝나면 성체는 서식지인 산림지대로 이동한다. 주로 밤에 활동하며, 개미, 딱정벌레, 귀뚜라미와 같은 곤충류를 비롯해 지렁이와 같은 빈모류, 거미류 등을 잡아먹는다. 수명은 9~10년이고 수컷은 4~5년생이, 암컷은 5~6년생이 주로 번식에 참여한다(Lee *et al.*, 2010).

Hynobius quelpaertensis **Mori, 1928**
(Endemic species of Korea)

Distribution
Jeju-island and southwestern coastal regions of Korean peninsula

Identification and ecology
Total length 9~14㎝, snout-vent length 6~9㎝, tail length 4~8㎝. 12~13 costal grooves and 4 and 5 toes at each front-feet, and hind-feet. Dorsal color from yellowish brown to dark brown, with tiny black and white dots. Ventral color from light yellow to gray, with tiny white dots. 37~42 vomerine teeth in 'ᐯ' shape. 24~29 caudal vertebrae. Breeding season from January to March, but occasionally in December. Breeding sites ponds, swamps, wetlands of craters, and stagnant water on the rocks. Clutch size 60~120 eggs. Breeding males mainly 4~5 years old and females 5~6 years old. Longevity more than 9~10 years. Major preys Insecta, Oligochaeta, and Arachnida including ants, beetles, crickets, and spiders.

알(2012년 3월, 제주도)

유생(2011년 7월, 제주도)

준성체(2007년 7월, 제주도)

성체 수컷(왼쪽)과 암컷(오른쪽)(2009년 2월, 제주도)

중·산간 지역 계곡에 고인 물(2011년 3월, 제주도)

해안가 하천에 고인 물(2011년 3월, 제주도)

오름 정상에 있는 습지(2013년 3월, 제주도)

논과 밭 주변에 있는 도랑(2011년 3월, 제주도)

곶자왈에 있는 물웅덩이와 습지(2013년 3월, 제주도)

바위에 붙은 알주머니(2015년 2월, 제주도)

하천 옹벽에 붙은 알주머니 수십 쌍(2011년 3월, 제주도)

나뭇가지에 한쪽 끝이 붙은 알주머니(2013년 3월, 제주도)

자갈에 붙은 알주머니(2011년 3월, 제주도)

수초에 단단하게 붙은 알주머니(2013년 3월, 제주도)

유생 양쪽 뺨에 돋은 평형곤(2007년 2월, 실내 촬영)

부화후 3일 된 유생(2012년 3월, 제주도)

세 갈래 겉아가미가 있는 유생(2011년 7월, 제주도)

갓 변태한 준성체(2007년 4월, 제주도)

1년생 준성체(2007년 12월, 제주도)

번식기에 골격이 뚜렷해진 수컷(2013년 3월, 제주도)

번식기에 꼬리가 납작해진 수컷(2015년 2월, 제주도)

산란을 앞둔 암컷(2013년 3월, 제주도)

산란을 마치고 서식지로 되돌아가는 암컷(2013년 3월, 제주도)

암컷(위)에 비해 골격이 발달하고 꼬리가 납작한 수컷(아래)(2009년 2월, 제주도)

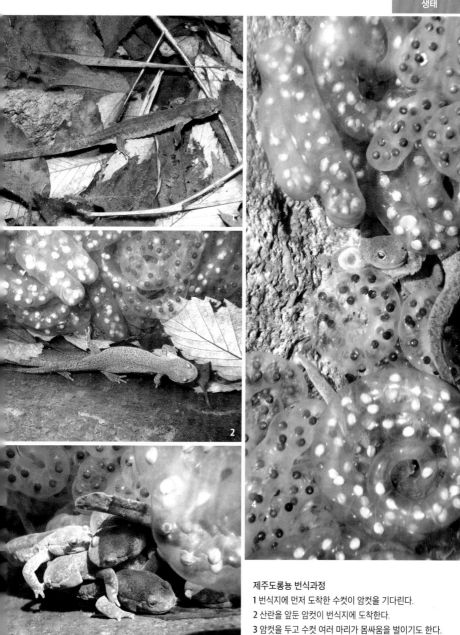

제주도롱뇽 번식과정
1 번식지에 먼저 도착한 수컷이 암컷을 기다린다.
2 산란을 앞둔 암컷이 번식지에 도착한다.
3 암컷을 두고 수컷 여러 마리가 몸싸움을 벌이기도 한다.
4 수컷은 알을 움켜잡고 체외수정한다.

번식지에 머물며 다른 암컷을 기다리는 수컷(2011년 3월, 제주도)

알주머니 주변에 머물며 다른 암컷을 기다리는 수컷(2009년 2월, 제주도)

산란 시기가 서로 다른 알(2012년 3월, 제주도)

바위틈에 집단으로 낳은 알(2015년 2월, 제주도)

곶자왈 습지에 집단으로 낳은 알(2011년 3월, 제주도)

중·산간 계곡에 집단으로 낳은 알(2011년 3월, 제주도)

방어자세를 취한 제주도롱뇽(2011년 3월, 제주도)

머리 부위에 집중적으로 분포한 기계적 감각 기관(2009년 2월, 제주도)

고리도롱뇽 한국고유종

학명 *Hynobius yangi* Kim, Min and Matsui, 2003
영명 Ko-ri salamander, Gori salamander

분포
국내 경상남도 일부 지역(부산, 울산, 기장, 울주, 양산)

법정관리현황
국내 포획·채취 등의 금지 야생생물,
　　　수출·수입 등의 허가대상 야생생물
국외 IUCN Red List 'EN' (Endangered, 절멸위기)

형태

성체 전체 길이는 7~14㎝, 주둥이부터 총배설강까지의 길이는 4~6㎝, 꼬리 길이는 3~7㎝이다. 도롱뇽, 제주도롱뇽에 비해 몸집이 작고, 꼬리 길이는 몸통 길이와 거의 같다. 등면은 황색, 황갈색, 암갈색 또는 흑갈색이고 작은 흑색, 회백색 반점이 온몸에 산재한다. 배면은 담황색, 회백색이고 작은 백색, 황갈색 반점이 산재한다. 수컷 대부분은 황갈색, 흑갈색을 띠지만 개체에 따라 작은 흑색, 회백색 반점이 없는 개체도 있다. 입천장의 서구개치열은 'ᴠ' 모양이고 서구개치는 31~36개다(Kim et al., 2003). 몸통 측면에 있는 늑골주름은 12~14개, 미골은 24~26개다(Yang et al., 1997). 번식기 수컷은 호르몬의 영향으로 암컷에 비해 골격이 발달하고 꼬리가 납작해진다(이, 2007). 종종 다른 개체에 비해 유난히 큰 개체가 발견되기도 한다.

유생 등면은 황색 또는 황갈색이고 작은 흑색, 흑갈색 반점이 온몸에 산재한다. 흑색 반점은 꼬리로 갈수록 명확하게 커진다. 몸통에 비해 머리가 상대적으로 크고 목덜미 부분에는 겉아가미가 세 갈래 나 있다. 꼬리지느러미는 몸통 중간부터 투명한 막 형태로 시작된다. 형태와 체색만으로는 도롱뇽, 제주도롱뇽 유생과 구별하기 어렵다.

알 알주머니는 양쪽이 가는 원통형으로 둥글게 말려 있다. 도롱뇽, 제주도롱뇽 알주머니와 비교해 상대적으로 더 작고, 말린 것이 특징이다. 암컷 한 마리가 알주머니 한 쌍을 낳는다. 알주머니는 대부분 한쪽 끝이 식물 잔해, 나뭇가지, 낙엽, 돌, 바위 등과 같은 곳에 붙어 있지만, 종종 바닥에 떨어지기도 한다. 알 지름은 2~2.5㎜이고 투명한 교질층은 3겹이다(강과 윤, 1975). 알주머니 한 쌍에는 알이 30~110개들어 있다.

생태

산림지대 계곡, 습지, 경작지 주변의 바위, 돌, 돌무덤, 고목, 낙엽, 부엽토 아래에서 서식한다. 번식기는 2월부터 4월까지며, 산지 주변의 계곡, 습지, 물웅덩이, 논, 도랑, 농수로에서 알과 성체를 볼 수 있다. 번식지에는 수컷이 먼저 도착한다. 번식기 수컷과 암컷의 성비는 1.2~2.5:1로 수컷의 출현 비율이 더 높다(이, 2007). 번식기 이전의 겨울철 일교차와 강수량은 성체의 번식 이주를 유발하는 주요한 환경요인이다. 특히 번식기 한 달 전의 평균기온과 평균 최저기온은 산란을 앞둔 암컷의 번식 이주에 큰 영향을 미치는 것으로 알려졌다(김 등, 2014). 수컷은 나뭇가지, 식물 잔해에 매달리거나 바닥에서 몸통 흔들기(물리적 신호)를 하거나 페로몬(화학적 신호)을 이용해 구애행동을 한다. 또한 산란하기 좋은 장소를 두고 수컷들은 서로 머리, 몸통, 꼬리를 물며 경쟁하기도 한다(박, 2010). 암컷이 알주머니 한쪽 끝을 나뭇가지나 돌에 붙이면 한 마리 혹은 다수의 수컷이 모여들어 수정한다. 수컷은 산란 이후에도 번식지에 한동안 머무는 습성이 있다. 번식기가 끝나면 성체는 서식지인 산림지대로 이동한다. 주로 밤에 활동하며, 개미, 딱정벌레, 벌과 같은 곤충류, 지렁이와 같은 빈모류, 거미류, 수서곤충류 등을 잡아먹는다. 수명은 10~11년이고, 수컷은 3~5년생이, 암컷은 4~6년생이 주로 번식에 참여한다(이, 2007).

Hynobius yangi Kim, Min and Matsui, 2003
(Endemic species of Korea)

Distribution
Busan(Gijang-gun), Ulsan(Uiju-gun), Gyeongsangnam-do(Yangsan-si)

Identification and ecology
Total length 7~14㎝, snout-vent length 4~6㎝, tail length 3~7㎝. 12~14 costal grooves and 4 and 5 toes at front-feet, and hind-feet. Body size smaller than *H. leechii* and *H. quelpaertensis*. SVL similar to the tail length. Dorsal color from yellowish brown, brown, to dark brown, sprinkled with tiny black and light gray dots. Ventral color from light yellow to gray, with tiny white dots. 31-36 vomerine teeth in 'V' shape. 24-26 caudal vertebrae. Depending on the diurnal range, temperature, and precipitation, breeding season vary from February to April. Breeding sites still waters of ponds, swamps, rice-paddies, ditches, and backwater pools of slowly moving valley streams. Operational sex ratio male-biased, ranging 1.2~2.5. Clutch size 30~110 eggs. Breeding males mainly 3~5 years old and females 4~6 years old. Longevity more than 10~11 years. Major preys Insecta, Aquatic insecta, Oligochaeta, and Arachnida including ants, beetles, cricket, and spiders.

유생(2004년 4월, 울산 울주)

알(2006년 2월, 부산 기장)

준성체(2006년 6월, 실내 촬영)

성체 수컷(아래)과 암컷(위)(2008년 11월, 부산 기장)

번식지

구릉지 주변에 있는 논과 습지(2006년 3월, 부산 기장)

논과 밭 주변에 있는 도랑(2007년 3월, 부산 기장)

저지대 주변에 있는 물웅덩이와 습지(2009년 3월, 부산 기장)

구릉지 주변에 있는 계곡(2012년 2월, 부산 기장)

수초에 붙은 알주머니(2013년 3월, 부산 기장)

나뭇가지에 붙은 알주머니(2009년 3월, 부산 기장)

도랑 식물 잔해 사이에 낳은 알(2007년 3월, 부산 기장)

계곡 돌 밑에 낳은 알(2008년 4월, 부산 기장)

황색 바탕에 흑색 잔반점이 산재한 유생(2015년 12월, 부산 기장)

번식기에 꼬리가 납작해진 수컷(2012년 2월, 부산 기장)

번식기에 골격이 뚜렷해진 수컷(2012년 2월, 부산 기장)

흑색 반점이 뚜렷하지 않은 수컷(2012년 2월, 부산 기장)

머리가 둥글고 갸름한 암컷(2012년 2월, 부산 기장)

수컷(오른쪽)에 비해 꼬리가 둥근 암컷(왼쪽)(2012년 2월, 부산 기장)

산란을 앞두고 배가 불룩한 암컷(2012년 2월, 부산 기장)

방어 자세를 취한 고리도롱뇽(2012년 2월, 부산 기장)

은신처 입구에서 먹이를 발견하고 잡아 먹은 고리도롱뇽(2008년 10월, 실내 촬영)

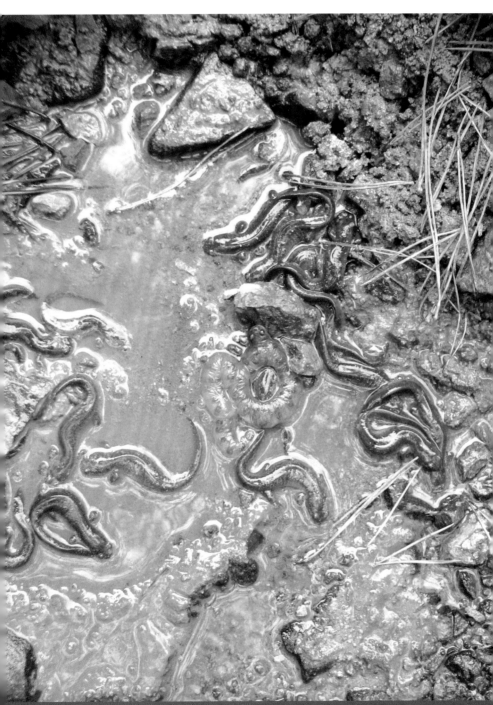

계곡 돌 밑에서 집단으로 번식한 고리도롱뇽(2007년 2월, 부산 기장)

개체군 조사를 위해 번식지에 설치한 모음담장(2010년 2월, 부산 기장)

모음담장에 바짝 붙여 설치한 함정(2006년 2월, 부산 기장)

번식지로 이동하던 중 함정에 빠진 고리도롱뇽(2006년 2월,

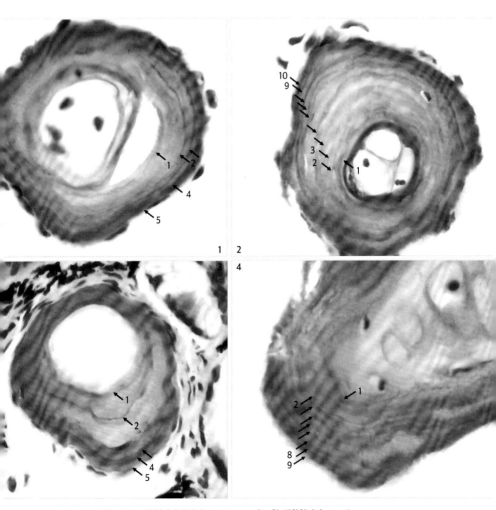

고리도롱뇽 발가락뼈(지골)에 형성된 연령선(LAG) (2006년 12월, 광학현미경, x400)
1 5년생 수컷
2 10년생 수컷
3 5년생 암컷
4 9년생 암컷

꼬리치레도롱뇽

학명 *Onychodactylus koreanus* (Boulenger), 1886
    (=*Onychodactylus fisheri*)
영명 Long-tailed clawed salamander, Korean clawed salamander

분포

국내 전국(제주도 제외)
국외 러시아, 중국, 일본, 북한

법정관리현황

국내 포획·채취 등의 금지 야생생물,
    수출·수입 등의 허가대상 야생생물
국외 IUCN Red List 'LC' (Least Concern, 최소관심)

분류

2012년, 꼬리치레도롱뇽의 원기재지역인 러시아를 포함해 우리나라, 중국, 일본에 서식하는 꼬리치레도롱뇽속(Genus *Onychodactylus*) 집단을 대상으로 형태학적, 지리학적, 유전학적 분석을 이용한 계통분류학 연구를 했다. 그 결과, 우리나라에 서식하는 꼬리치레도롱뇽 집단은 원기재지역인 러시아 집단과 뚜렷한 차이를 보여 별개의 집단으로 분류했으며, 학명을 *O. koreanus*로 변경했다(Nikolay *et al.*, 2012).

형태

성체 전체 길이는 12~18㎝이고 주둥이부터 총배설강까지의 길이는 5~8㎝이다. 꼬리 길이는 몸통 길이에 비해 1.2배 정도 길다. 등면은 황갈색, 적갈색 또는 암갈색이고 작은 황색 반점이 산재한다. 황색 반점은 개체에 따라 작은 반점, 얼룩무늬, 줄무늬로 나타나 크게 3가지 유형의 개체변이가 관찰된다. 배면은 회백색, 담적색으로 반투명하고 특별한 무늬나 반점이 없다. 입천장의 서구개치열은 '∽∽' 모양으로 둘로 나뉜다. 다른 도롱뇽들에 비해 눈이 크고 툭 튀어나왔다. 몸통 측면에 있는 늑골주름은 11~13개다. 앞발가락은 4개, 뒷발가락은 5개며, 발가락 끝에 작고 날카로운 흑색 발톱이 있는 개체도 있다. 꼬리는 원통형으로 끝으로 갈수록 가늘어진다. 번식기 수컷의 꼬리 끝에는 납작한 지느러미가 생기고 뒷발 가장자리에는 넓은 흑색, 흑갈색 혼인돌기가 발달한다. 번식기 암컷은 배란한 알로 배가 부풀어 오르지만 다른 형태적 변화는 생기지 않는다. 번식기 이후에는 형태만으로 수컷과 암컷을 구별하기가 다소 어렵다.

유생 등면은 보통 황색, 황갈색, 황적색 또는 암갈색이고 작은 흑색, 흑갈색 반점이 산재한다. 유생 역시 성체와 마찬가지로 작은 반점, 얼룩무늬, 줄무늬와 같은 3가지 유형의 개체변이가 관찰된다. 머리는 둥글고 납작하다. 다른 도롱뇽 유생에 비해 주둥이가 뭉툭한 것이 특징이다. 겉아가미는 목덜미 부분에서 여러 갈래로 나뉜다. 꼬리지느러미는 뒷다리 위쪽부터 얇은 막 형태로 시작된다. 유생 시절부터 발가락 끝에 작고 날카로운 흑색 발톱이 있다.

알 암컷 한 마리가 장타원형 알주머니 한 쌍을 낳는다. 2개인 알주머니는 대부분 한쪽 끝이 돌, 바위, 암반에 단단하게 붙는다. 알주머니는 백색, 황백색으로 반투명하고 안에 황색 알이 10~24개 들어 있다. 알 지름은 5~6㎜로 다른 도롱뇽과 종들의 알에 비해 2~3배 더 크다.

생태

유생은 겉아가미로 호흡하고, 변태를 마친 준성체와 성체는 폐가 발달하지 않아 피부로만 호흡한다. 피부 호흡에 의지하는 성체의 특성상, 연중 습도가 일정하게 유지되는 산림지대의 계곡, 하천 주변의 바위, 돌, 자갈, 고목, 이끼, 부엽토 아래 등에서만 서식한다. 4월부터 활동을 시작하고 5월부터 7월까지 번식한다. 번식지에는 수컷이 먼저 도착하고, 외부에 노출되지 않는 계곡의 지하수, 지하수가 흐르는 동굴 등에서 번식한다(Park, 2005). 번식기에는 성체 100~200마리가 한 장소에 모여 집단으로 번식한다. 낳은 알은 같은 해 11월부터 이듬해 3월 사이에 부화하며, 부화한 유생은 2~3년이 지나 전체 길이가 5~6㎝가 되면 준성체로 변태한다(Lee et al., 2008). 번식기가 지나면 성체는 산림지대의 서식지로 되돌아간다. 주로 밤에 활동하고, 육상에서는 거미류, 지렁이와 같은 빈모류, 파리, 딱정벌레를 포함한 곤충류를 잡아먹고 물속에서는 날도래, 강도래, 잠자리 유충과 같은 수서곤충류, 옆새우와 같은 갑각류를 잡아먹는다(윤 등, 1996a).

Onychodactylus koreanus (Boulenger), 1886
(=*Onychodactylus fischeri*)

Distribution
Widely distributed throughout Korean peninsula, excepting Jeju-island

Identification and ecology
Total length 12~18㎝, snout-vent length 5~8㎝. Tail length 1.2 times longer than SVL. Because of degenerated lungs, metamorphosed adults completely rely on cutaneous respiration. 11~13 costal grooves and 4 and 5 toes at front-feet, and hind-feet. Claws on the toes of both juveniles and most adults. Dorsal color from yellowish brown to reddish brown, with irregular yellow blotches. Ventral color from light gray to light red without dots. Vomerine teeth in '⌒⌒' shape. Paddle-like tail and wide nuptial pads on the hind-feet in breeding males. Breeding season from the beginning of May to July. Female oviposition within underground brooks in caves or headwaters of mountain streams. Clutch size 10~24 eggs, hatched in 5~8 months. 2~3 years aquatic larval period. Total body length of just metamorphosed adults 5~6㎝. Major preys Insecta, Aquatic insecta, Oligochaeta, Arachnida, and Crustacea including ants, beetles, cricket, caddis flies, stone flies, and spiders.

유생(2009년, 7월 충북 제천)

알(2014년 6월, 강원 삼척)

준성체(2010년 5월, 강원 홍천)

3~4년생 준성체(2011년 6월, 강원 평창)

성체 수컷(2005년 10월, 충북 단양)

성체 암컷(2012년 4월, 강원 태백)

계곡 하류(2010년 5월, 강원 삼척)

계곡 상류(2012년 4월, 충북 단양)

계곡 주변 자갈더미 아래(2012년 4월, 충북 단양)

계곡 주변 고목이나 낙엽더미 아래(2005년 7월, 강원 평창)

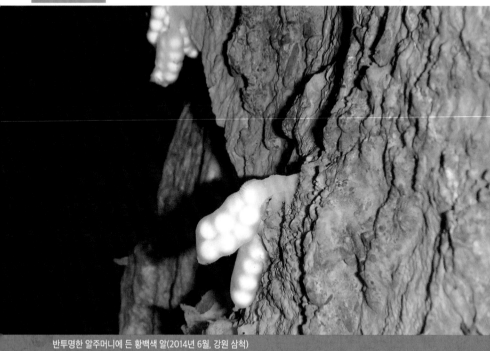

반투명한 알주머니에 든 황백색 알(2014년 6월, 강원 삼척)

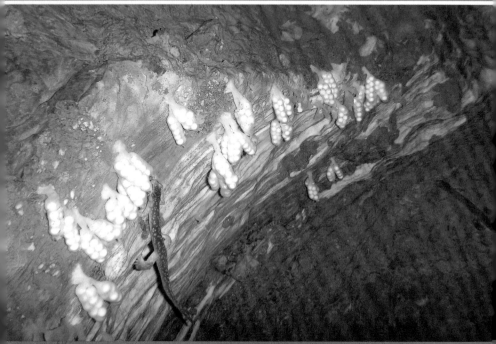

한 장소에 집단으로 낳은 알(2014년 6월, 강원 삼척)

0~1년생 유생(줄무늬형)(2009년 7월, 충북 제천)

1~2년생 유생(잔반점형)(2012년 4월, 경기 포천)

2~3년생 유생(얼룩무늬형)(2014년 3월, 충북 단양)

2~3년생 유생(얼룩무늬형)(2012년 4월, 강원 삼척)

변태를 시작한 유생(2011년 6월, 강원 영월)

유난히 긴 꼬리가 특징인 꼬리치레도롱뇽(2008년 5월, 충북 단양)

크고 툭 튀어나온 눈(2012년 4월, 강원 태백)

뾰족한 흑색 발톱(2012년 4월, 강원 태백)

개체변이(얼룩무늬형)(2014년 4월, 충북 단양)

개체변이(작은 반점형)(2006년 4월, 충북 단양)

개체변이(줄무늬형)(2005년 10월, 강원 평창)

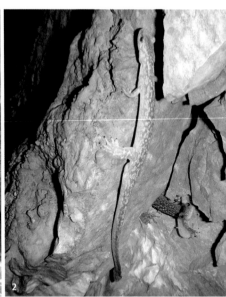

꼬리치레도롱뇽 번식 과정(2014년 5월, 강원 삼척)
1 지하수가 흐르는 동굴에서 번식한다.
2 수컷들은 번식지에 먼저 도착해 암컷을 기다린다.
3 산란을 앞둔 암컷들이 번식지에 도착한다.
4~5 알을 붙이기 좋은 장소에 여러 마리가 모여 집단으로 번식한다.
6 암컷이 산란하자 수컷들이 알주머니에 달려들어 체외수정한다.
7 수컷들은 번식지에 한동안 머물며 다른 암컷을 기다린다.

번식기 뒷발에 혼인돌기가 생긴 수컷(2014년 6월, 강원 삼척)

번식기 꼬리 끝에 납작한 지느러미가 생긴 수컷(2014년 6월, 강원 삼척)

산란을 앞둔 암컷(2012년 4월, 강원 태백)

번식을 마치고 서식지로 되돌아온 성체(2010년 8월, 경북 울진)

척삭동물문 > 양서강 > 유미목 > 미주도롱뇽과

이끼도롱뇽 한국고유종

학명 *Karsenia koreana* Min, Yang, Bonett, Vieites, Brandon and Wake, 2005
영명 Korean crevice salamander

분포
국내 충청남도(대전, 공주, 계룡, 금산), 충청북도(청원,
　　영동, 제천, 단양, 충주), 전라북도(정읍, 완주, 진안),
　　경상남도(거창), 강원도(평창, 삼척, 양구)

법정관리현황
국내 포획·채취 등의 금지 야생생물,
　　수출·수입 등의 허가대상 야생생물
국외 IUCN Red List 'LC' (Least Concern, 최소관심)

형태

성체 전체 길이는 6~10㎝이고, 주둥이부터 총배설강까지의 길이는 3~5㎝이다. 등면은 갈색, 적갈색 또는 흑갈색이고 황색, 황갈색 무늬가 척추를 따라 꼬리까지 줄무늬로 나타난다. 개체에 따라 이런 줄무늬가 뚜렷하기도 하고 작은 반점이 산재하기도 한다. 몸통 측면에는 작은 백색 반점이 산재한다. 배면은 갈색, 황갈색이고 작은 백색 반점이 산재한다. 머리는 뾰족하고 다소 각이 졌으며 눈은 작은 편이다. 양쪽 콧구멍과 주둥이 끝부분 사이에 작은 홈이 있다. 입천장 서구개치열은 끝이 꺾인 '∧' 모양이고, 서구개치는 13~21개 있다(Min et al., 2005). 몸통 측면에 늑골주름이 14~15개 있다. 몸통 길이에 비해 다리는 짧은 편이고 앞발가락은 4개, 뒷발가락은 5개다. 발가락 사이에 작은 물갈퀴가 있다. 꼬리는 원통형으로 끝으로 갈수록 가늘어진다. 번식기가 지나면 형태적으로 수컷과 암컷을 구별하기 어렵다.

생태

폐가 발달하지 않아 피부로 호흡하므로, 연중 습기가 일정하게 유지되는 산림지대의 계곡, 하천 주변 또는 나무가 울창한 곳의 돌무덤 안과 고목, 이끼, 낙엽 아래에서 서식한다. 4월부터 활동을 시작해 6월까지 잘 관찰되지만 10월 이후부터는 땅속 깊숙이 들어가 관찰하기 어렵다. 다른 도롱뇽류에 비해 시력과 점프력이 좋다. 위협을 느끼면 꼬리 끝을 스스로 자르며 잘린 꼬리는 한동안 꿈틀거린다. 개미, 딱정벌레와 같은 곤충류를 비롯해 등각류, 다지류 등을 잡아먹는다. 먹이 중에서는 개미류가 차지하는 비율이 72%로 가장 높다(주, 2009). 체내수정하고 육지에 산란하며, 산란 시기는 5월부터 7월까지로 추정된다. 산란 장소는 서식지 근처에 있는 돌무덤 안 자갈 또는 지표에 노출된 돌이며, 알은 자갈과 돌의 천장에 낱개로 붙는다. 알은 공 모양으로 황색 또는 황백색이고 지름은 5㎜ 정도며, 알 자루 길이는 2~3㎜이다. 북미와 유럽에 서식하는 미주도롱뇽과(Family Plethodontidae) 종들은 정포낭을 이용해 체내수정하고, 물 또는 습기가 많은 나무 그루터기, 땅속, 부엽토 사이와 같은 장소에 알을 낳거나 새끼를 낳는 것으로 알려진다(Halliday and Adler, 2004). 현재까지 구애행동, 짝짓기, 산란, 수명, 생활사 등을 포함한 이끼도롱뇽의 전반적인 생태에 관해서는 많은 연구가 이루어지지 않았다.

Karsenia koreana Min, Yang, Bonett, Vieites, Brandon and Wake, 2005
(Endemic species of Korea)

Distribution
Daejeon, Chungcheongnam-do(Gongju-si, Gyeryong-si, Geumsan-gun), Chungcheongbuk-do(Chungju-si, Jecheon-si, Danyang-gun, Yeongdong-gun), Jeollabuk-do(Jeongeup-si, Wanju-gun, Jinan-gun), Gangwon-do(Samcheok-si, Pyeongchang-gun, Yanggu-gun)

Identification and ecology
Total length 6~10cm, snout-vent length 3~5cm. 14~15 costal grooves and 4 and 5 toes as the front- and hind-feet. Dorsal color from brown, reddish brown, to dark brown. A broad yellow, or yellowish brown stripe from the snout to the tip of tail. Flank color dark brown, flecked with small white dots. Ventral color bright brown, usually with tiny white dots. 13~21 vomerine teeth in 'Λ' shape. Having good vision and jumping ability. When threatened, occasionally autotomize their tail. Internally fertilized females lay and attach eggs on rocks or pebbles between May and July. Shape of eggs circular, color brown or white brown, and diameter 5mm with 2~3mm stalk for attachment. Major preys Insecta, Isopoda, and Muriopoda, in particular preferring ants.

산지 계곡 주변의 산림(2011년 4월, 강원 삼척)

산림이 울창한 산사면(2011년 4월, 강원 삼척)

습하고 바위나 자갈이 많은 장소(2011년 4월, 강원 삼척)

산사면 하단 흙과 자갈이 많은 장소(2011년 4월, 강원 삼척)

낙엽, 자갈, 부엽토가 층을 이루는 장소(2011년 4월, 강원 삼척)

가늘고 긴 체형이 특징인 이끼도룡뇽(2011년 2월, 실내 촬영)

각진 머리에 작은 눈(2011년 2월, 실내 촬영)

적갈색 바탕에 백색 반점이 산재한 배면(2011년 2월, 실내 촬영)

늑골주름 12~15개(2011년 2월, 실내 촬영)

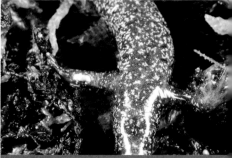

'I' 모양 총배설강(2011년 2월, 실내 촬영)

발가락 사이에 있는 작은 물갈퀴(2011년 2월, 실내 촬영)

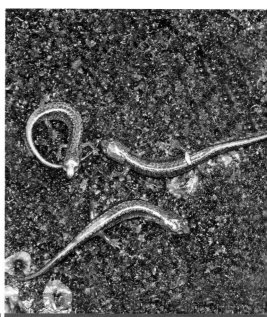

5월에 한 장소에서 관찰한 여러 마리(2008년 5월, 충북 제천)

개체변이(2010년 5월, 충북 제천)

개체변이(2010년 5월, 충북 제천)

개체변이(2012년 4월, 강원 삼척)

개체변이(2012년 4월, 강원 삼척)

개체변이(2012년 4월, 강원 삼척)

자갈더미나 낙엽더미 안에 서식하는 이끼도롱뇽(2011년 7월, 강원 삼척)

낙엽, 자갈, 부엽토가 층을 이루는 곳에 서식하는 이끼도롱뇽(2011년 4월, 강원 삼척)

위협을 느끼고 잘라낸 꼬리(2009년 7월, 충북 제천)

한쪽 끝이 자갈 아랫면에 붙은 알(2014년 7월, © 이상철)

넓적한 돌 아랫면에 붙은 알(2014년 7월, © 이상철)

무당개구리

학명 *Bombina orientalis* (Boulenger), 1890
영명 Fire-bellied toad, Oriental fire-bellied toad

분포
국내 전국
국외 북한, 중국, 러시아

법정관리현황
국내 수출·수입 등의 허가대상 야생생물
국외 IUCN Red List 'LC' (Least Concern, 최소관심)

형태

성체 주둥이부터 총배설강까지의 길이는 3.5~5cm이다. 체색과 형태는 서식하는 지역과 장소에 따라 개체변이가 심하다. 등면은 녹색, 청록색 또는 갈색이고 불규칙한 흑색 반점이 산재한다. 크고 작은 피부 돌기가 등면과 네 다리 상단 부분까지 조밀하게 나 있다. 배면은 적색, 황적색이고 불규칙한 흑색 반점과 얼룩무늬가 산재해 다른 무미양서류와 확연하게 구별된다. 배면은 돌기 없이 매끈하다. 머리는 둥글고 납작하며 주둥이는 짧다. 주둥이 가장자리에는 흑색 반점과 얼룩무늬가 산재한다. 수컷은 암컷에 비해 상대적으로 등면 돌기가 더 조밀하고 두드러진다. 번식기 수컷의 앞발 첫 번째부터 세 번째 발가락에는 흑색 혼인돌기가 생긴다. 혼인돌기는 눈으로 잘 구별되지 않지만 손으로 만지면 거칠다. 수컷은 외부로 드러나는 울음주머니가 없다. 암컷은 수컷에 비해 발가락이 가늘고 길다. 암컷이 수컷보다 조금 더 크다.

유생(올챙이) 등면은 황색, 황갈색, 또는 암갈색이고 작은 흑색 반점이 몸통과 꼬리에 산재한다. 뒷다리가 나올 무렵부터 등면과 주둥이 부분에 무당개구리 특유의 흑색 반점과 얼룩무늬가 나타난다. 배면은 암갈색이고 반투명해 내장이 보인다. 몸통은 둥근 편이고 꼬리지느러미는 몸통 중간에서부터 얇은 막 형태로 시작된다. 위에서 보면 눈은 등면에 있고 분수공은 특이하게 배면 한가운데 있다. 항문은 꼬리를 따라 중앙을 향한다. 입판의 치열은 가운데 각질화된 흑색 턱부리를 중심으로 위에 2열, 아래에 3열이 있다. 개체에 따라 아래 첫 번째 치열이 둘로 나뉜 경우도 있다(Park *et al.*, 2006).

알 공 모양 알은 낱개 아니면 수십 개가 모인 작은 덩어리 형태로 수초, 낙엽, 식물 잔해, 돌 등에 붙어 있거나 바닥에 떨어져 있다. 다수의 성체가 한 장소에 모여 집단 산란하므로, 불규칙한 크기의 알 덩어리가 수십 개에서 수백 개 관찰되기도 한다. 알 지름은 1.5~2mm이고 투명한 교질층은 3겹이다(강과 윤, 1975). 알의 동물극은 흑색, 흑갈색이고 식물극은 황백색, 회백색이다. 암컷 한 마리가 시간을 두고 여러 번에 나누어 알 30~150개를 낳는다.

생태

주로 산림지대 습지, 계곡 또는 하천 주변과 습지, 돌무덤, 논, 밭 등에서 서식한다. 위협을 느끼면 피부 돌기에서 자극적인 냄새를 풍기는 점액질을 분비하고 몸을 위쪽으로 둥글게 말아 올리며 방어 자세를 취한다. 4월부터 활동을 시작해 곧바로 번식에 들어간다. 대부분 지역에서 6월이면 번식이 끝나지만 고산지대 습지와 계곡에서는 7~8월까지도 번식한다. 번식기에는 산림지대 계곡, 하천 주변과 산지와 평지가 만나는 곳의 논, 도랑, 농수로, 물웅덩이, 습지 등에서 알과 성체를 볼 수 있다. 흐르는 물보다는 고인 물을 선호한다. 번식지에 먼저 도착한 수컷은 구애울음소리를 내는데 울음주머니가 없기 때문에 소리는 작은 편이다. 수컷은 시각과 후각으로 암컷 상태를 확인하고, 몸집이 크고 산란에 임박한 암컷을 선호한다(박, 2013). 수컷은 암컷의 허리를 잡고 포접한다. 번식기가 지나면 늦여름까지 번식했던 논이나 주변 습지에 머물다가 가을부터 산림지대로 되돌아간다. 10월이면 계곡과 하천 주변의 돌, 낙엽, 부엽토 아래 또는 돌무더기, 바위틈 안에서 동면한다. 낮과 밤에 모두 활동하며, 딱정벌레, 벌, 나비, 파리, 노래기, 메뚜기와 같은 곤충류, 지렁이와 같은 빈모류, 민달팽이와 같은 복족류를 잡아먹는다. 먹이의 98%는 곤충류인 것으로 알려진다(고 등, 2007).

Bombina orientalis (Boulenger), 1890

Distribution
Widely distributed throughout Korean peninsula

Identification and ecology
Snout-vent length 3.5~5cm. Dorsal color green or yellowish green with black spots. Many tubercles on the dorsal surface. Ventral color red or yellowish red with mottled black spots and its surface fairly smooth. Stinky mucous compounds released from skins. When threatened, crawling its body backward to show warning spots on the ventral side to deter predators. No vocal sac found. Tympanum not visible, being hidden under the skin. Tiny nuptial pads on the front-feet of breeding males. Breeding season from the beginning of April to June. Breeding sites rice-paddies, ponds, swamps, and ditches. 30~150 eggs laid in scattered small clumps, usually attached to submerged plants, or stumps of rice. Preferred preys Insecta including ants, beetles, flies, and grasshoppers. In winter, hibernating under the ground near streams.

알(2010년 5월, 충북 제천)

올챙이(2009년 7월, 강원 평창)

준성체(2013년 7월, 경남 창녕)

성체 수컷(왼쪽)과 암컷(오른쪽)(2010년 5월, 충북 제천)

산지 내에 형성된 습지(2013년 6월, 경남 창녕)

산지 주변에 있는 물웅덩이(2012년 4월, 충북 제천)

논과 밭 주변에 있는 도랑(2011년 5월, 강원 인제)

산지 주변에 있는 논(2010년 6월, 충남 청양)

계곡 가장자리에 고인 물(2011년 4월, 강원 평창)

벗짚에 엉겨 붙은 알(2008년 4월, 강원 인제)

식물 뿌리에 엉겨 붙은 알(2012년 4월, 충북 제천)

투명한 교질층이 3겹인 알(2011년 4월, 강원 평창)

형태

상실배(왼쪽)와 기관형성기(오른쪽)의 배아(2011년 4월, 강원 평

부화 직전의 올챙이(2010년 5월, 강원 평창)

갓 낳은 알(2010년 4월, 충북 제천)

꼬리에 흑색 반점이 산재한 올챙이(2010년 7월, 강원 평창)

등면에 얼룩무늬가 생긴 올챙이(2010년 7월, 강원 평창)

등면 돌기가 두드러지고 발가락이 짧은 수컷(2011년 5월, 강원 인제)

상대적으로 등면이 부드럽고 발가락이 긴 암컷(2010년 8월, 강원 평창)

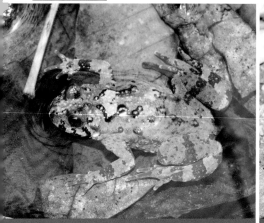

개체변이(2011년 4월, 전남 해남)

개체변이(2010년 4월, 충북 제천)

개체변이(2011년 7월, 제주도)

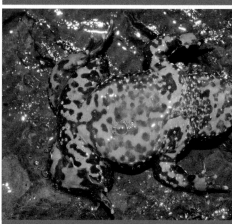

개체변이(2011년 7월, 제주도)

체색 돌연변이(2008년 4월, 강원 인제)

체색 돌연변이(2008년 4월, 강원 인제)

구애울음소리를 내는 수컷(2014년 6월, 강원 삼척)

번식기 수컷 앞발가락에 생긴 혼인돌기(2010년 4월, 강원 홍천)

번식기 암컷을 두고 몸싸움하는 수컷들(2011년 5월, 강원 인제)

암컷의 허리를 잡고 포접한 수컷(2010년 5월, 충북 제천)

번식지에 도착한 무당개구리(2010년 5월, 충북 제천)

논에서 산란 중인 무당개구리(2008년 4월, 강원 인제)

방어 자세를 취한 무당개구리(2010년 4월, 충북 제천)

바위틈에서 쉬는 무당개구리(2011년 6월, 강원 인제)

헤엄치는 무당개구리(2011년 9월, 충북 단양)

물두꺼비를 암컷으로 오인해 포접한 무당개구리(2006년 6월, 강원 평창)

척삭동물문 > 양서강 > 무미목 > 두꺼비과

두꺼비

학명 *Bufo gargarizans* Cantor, 1842
영명 Asian toad, Asiatic toad, Miyako toad, Zhoushan toad

분포

국내 전국(제주도 제외)
국외 중국, 일본, 북한, 러시아

법정관리현황

국내 포획·채취 등의 금지 야생생물,
　　수출·수입 등의 허가대상 야생생물
국외 IUCN Red List 'LC' (Least Concern, 최소관심)

형태

성체 주둥이부터 총배설강까지의 길이는 6~12㎝이다. 서식하는 지역과 장소에 따라 개체변이가 심하다. 등면은 황색, 황적색, 적갈색 또는 암녹색이고 흑색 반점과 얼룩무늬가 산재한다. 크고 작은 돌기가 다리를 포함해 몸 전체에 나 있다. 머리와 등면, 뒷다리 상단에는 크고 작은 돌기가 섞여 있고 몸통 측면, 뒷다리 하단, 배면에 있는 돌기는 크기가 일정하게 작다. 머리 귀샘부터 몸통 측면까지 흑색 무늬가 이어진다. 배면은 담황색, 황백색 또는 황색이며, 작은 흑색 반점이 산재한 개체도 있고 반점이 없는 개체도 있다. 머리는 둥글고 각진 편이다. 눈 뒤쪽에 타원형으로 도드라진 귀샘이 있다. 강한 자극을 받을 경우 귀샘에서 백색 또는 황백색 독액을 분비한다. 귀샘 아래쪽에 작고 둥근 고막이 있다. 번식기 수컷의 앞발 첫 번째부터 세 번째 발가락에는 흑색 혼인돌기가 생긴다. 혼인돌기는 눈으로 쉽게 구별되며, 손으로 만지면 거칠다. 수컷은 외부로 드러나는 울음주머니가 없다. 암컷은 수컷보다 몸집이 더 크다.

유생(올챙이) 몸통 전체가 흑색, 흑갈색을 띤다. 배면은 불투명하기 때문에 내장이 보이지 않는다. 몸통은 둥글며 꼬리지느러미는 몸통 끝부분부터 시작된다. 눈 뒤쪽에 도드라진 돌기는 성체로 변태한 이후에 귀샘으로 발달한다. 위에서 보면 눈은 등면에 있고 분수공은 몸통 왼쪽에 있다. 항문은 꼬리를 따라 중앙을 향한다. 입판의 치열은 가운데 흑색 턱부리를 중심으로 위에 2열, 아래에 3열 있다. 위에서 두 번째 치열은 둘로 나뉜다(Park et al., 2006).

알 긴 줄 모양 알주머니는 수초, 식물 잔해, 벼 그루터기, 낙엽, 나뭇가지와 같은 곳에 여러 번 감겨 있다. 성체 여러 마리가 한 장소에 모여 집단 산란하므로, 수십에서 수백 가닥이 관찰되기도 한다. 암컷 한 마리가 길이 5~20m에 이르는 알주머니 두 가닥을 낳는다. 알주머니 안의 알은 2열로 배열된다. 암컷 한 마리는 한 번에 알을 2,000~10,000개 낳는다. 알은 흑색 또는 흑갈색이며, 지름은 1~1.5㎜이다.

생태

산림지대 산사면, 초지, 논, 밭, 계곡 주변에 서식한다. 산지 주변 저수지, 물웅덩이, 논, 도랑, 농수로에서 번식하며, 주로 수심이 1m 정도인 저수지나 물웅덩이를 선호한다. 번식기는 2월부터 3월까지다. 번식지에 수컷이 먼저 도착해 암컷을 기다린다. 번식기 수컷과 암컷의 성비는 2.5~4 : 1로 수컷의 출현 비율이 더 높다. 몸집이 큰 수컷과 암컷일수록 먼저 번식을 마치고 서식지로 되돌아간다(Sung *et al.*, 2007). 수컷은 암컷의 등 위에서 겨드랑이 안쪽을 잡고 포접한다. 번식기 이후에는 번식지 근처의 습지, 산사면, 논두렁 또는 농수로 제방의 흙을 파고들어 40일 정도 봄잠을 잔다. 번식기가 지나면 수컷 두꺼비는 번식지를 기준으로 최대 500m 정도 이동했으며, 암컷은 수컷에 비해 활동량이 3배 가량 더 많기 때문에 두꺼비를 보호하려면 주요 번식지를 기준으로 반경 1.5㎞ 이상의 공간을 확보하는 것이 중요하다(이 등, 2013). 낮에는 돌 밑이나 초지, 경작지 또는 산사면에서 흙을 파고들어 휴식하고, 비가 오거나 밤이 되면 활동한다. 딱정벌레, 반날개, 방아벌레, 바구미 등과 같은 딱정벌레류를 주로 먹으며, 나비·나방류 유충을 비롯해 벌류, 파리류, 메뚜기류 등도 잡아먹는다(Yu *et al.*, 2009).

Bufo gargarizans Cantor, 1842

Distribution
Widely distributed throughout Korean peninsula, excepting Jeju-island

Identification and ecology
Snout-vent length 6~12㎝. Dorsal color from brown, yellowish red, reddish brown to dark green with tiny black dots. Having large parotid glands and warty skin. Ventral color yellow, usually with black spots and its surface fairly smooth. Circular typanum in about one-half diameter of the eye. Breeding season between February and March. Breeding sites still waters of rice-paddies, ponds, and lakes. Breeding males earlier at the breeding site and wait for breeding females. Operational sex ratio male-biased, ranging 2.5~4. Tiny nuptial pads on the front-feet of breeding males. Eggs laid in a pair of long strings intermingled with water plants. Clutch size 2,000~10,000 eggs. Preferred preys Insecta including burying beetles, flies, butterflies, bees, and grasshoppers. To protect in the wild, at least 1.5㎞ diameter habitats from a breeding site must be secured.

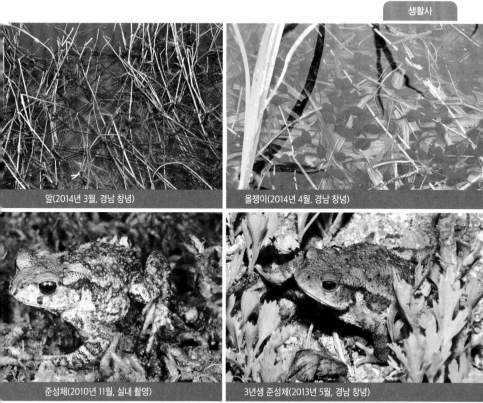

알(2014년 3월, 경남 창녕)

올챙이(2014년 4월, 경남 창녕)

준성체(2010년 11월, 실내 촬영)

3년생 준성체(2013년 5월, 경남 창녕)

성체 수컷(위)과 암컷(아래)(2011년 3월, 충남 청양)

산지 주변에 있는 저수지(2011년 3월, 충남 청양)

구릉지 주변에 있는 저수지(2014년 2월, 경남 창녕)

산지 주변에 있는 논과 도랑(2011년 4월, 경기 성남)

산지 주변에 있는 습지(2014년 4월, 경남 창녕)

저수지 안 수초에 감긴 알주머니(2014년 3월, 경남 창녕)

긴 줄 모양의 알주머니(2011년 3월, 충북 단양)

긴 알주머니에 2열로 들어 있는 알(2011년 3월, 충북 단양)

몸통 전체가 흑색인 올챙이(2011년 4월, 충남 청양)

번식기에 황갈색, 암갈색을 띠는 수컷(2011년 3월, 충남 청양)

번식기에 황백색, 갈색을 띠는 암컷(2014년 2월, 경남 창녕)

비번식기에 황백색, 녹황색을 띠는 수컷(2013년 6월, 경남 창녕)

비번식기에 암갈색, 갈색을 띠는 암컷(2010년 6월, 경기 포천)

무리지어 헤엄치는 올챙이(2014년 4월, 경남 창녕)

식물 잔해를 긁어먹는 올챙이(2014년 4월, 경남 함안)

부착조류를 긁어먹는 올챙이(2014년 4월, 경남 함안)

구애울음소리를 내는 수컷(2014년 2월, 경남 창녕)

번식기 암컷을 두고 몸싸움하는 수컷들(2006년 2월, 부산 기장)

암컷의 겨드랑이 안쪽을 잡고 포접한 수컷(2011년 3월, 충남 청양)

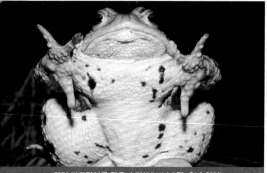

암컷 겨드랑이를 잡은 수컷(2011년 3월, 충남 청양)

번식기 수컷의 혼인돌기(2011년 3월, 충남 청양)

수초나 식물 잔해 안에서 산란 중인 두꺼비(2013년 3월, 경남 창녕)

알주머니 안의 알(2013년 3월, 경남 창녕)

위협을 느껴 방어 자세를 취한 두꺼비(2013년 8월, 대구 달성)

번식 후, 봄잠을 자는 두꺼비(2013년 5월, 경남 창녕)

개구리를 암컷으로 오인해 포접한 두꺼비(2014년 2월, 경남 창녕)   무선추적 발신기를 부착한 두꺼비(2013년 5월, 경남 창녕)

두꺼비의 생존을 위협하는 도로(2013년 3월, 경남 창녕)

물두꺼비

학명 *Bufo stejnegeri* Schmidt, 1931
영명 Water toad, Stejneger's toad, Korean water toad

분포

국내 전국(제주도 제외)
국외 중국, 북한

법정관리현황

국내 포획·채취 등의 금지 야생생물,
　　 수출·수입 등의 허가대상 야생생물
국외 IUCN Red List 'LC' (Least Concern, 최소관심)

형태

성체 주둥이부터 총배설강까지의 길이는 4~6cm이다. 등면은 암녹색, 청록색, 황색, 황갈색 또는 적갈색이고, 주둥이부터 총배설강까지 척추를 따라 가는 황백색, 황록색 세로줄이 있다. 체색은 시기에 따라 개체변이가 심하다. 겨울부터 봄까지 물속에 머무는 동안에는 수컷은 암녹색, 청록색, 녹황색을 띠고 암컷은 적색, 적갈색, 청록색 등을 띤다. 번식을 마치고 여름과 가을에 산지로 이동한 후에는 대부분 황색, 황갈색으로 변한다. 크고 작은 피부 돌기가 등면과 배면을 비롯해 몸 전체에 나 있다. 배면은 회백색, 황백색이고 개체에 따라 흑색, 흑갈색 반점과 얼룩무늬가 있는 경우도 있다. 머리는 둥글고 각진 편이며, 눈 뒤에 심장 모양 귀샘이 있다. 귀샘에서 백색 독액을 분비한다. 두꺼비와 달리 귀샘 아래에 있는 둥근 고막은 두드러지지 않는다. 몸집 크기, 고막 유무, 귀샘 모양 등을 비교하면 두꺼비와 쉽게 구별할 수 있다. 번식기 수컷의 앞발 첫 번째부터 세 번째 발가락에는 흑색 혼인돌기가 발달한다. 혼인돌기는 눈으로 쉽게 구별된다. 암컷은 수컷보다 몸집이 더 크다.

유생(올챙이) 몸 전체는 흑색, 흑갈색을 띠고 작은 금색 반점이 산재한다. 배면은 흑색이지만 반투명해 내장이 보인다. 눈은 백색, 황백색으로 눈 전체가 흑색인 두꺼비 올챙이와 쉽게 구별된다. 주둥이는 다소 뭉툭하고 몸통은 둥글다. 꼬리지느러미는 몸통 끝부분부터 시작된다. 위에서 보면 눈은 등면에 있고 분수공은 몸통 왼쪽에 있다. 항문은 꼬리를 따라 중앙을 향한다. 입판의 치열은 각질화된 흑색 턱부리를 중심으로 위에 2열, 아래에 3열이 있다. 위에서 두 번째 치열은 둘로 나뉜다 (Park et al., 2006).

알 암컷은 긴 줄 모양의 알주머니를 산간 계곡과 하천의 자갈, 돌, 바위, 식물 잔해 또는 낙엽 밑에서 서로 엉겨 붙는 형태로 산란한다. 암컷 한 마리가 3~6m에 이르는 알주머니 두 가닥을 낳는다. 알주머니 안에는 알이 600~1,000개 들어 있다. 알 지름은 1.5~2mm이며, 전체가 흑색인 경우도 있다. 동물극은 흑갈색, 식물극은 회백색인 경우도 있다(강과 윤, 1975).

생태

산림지대의 산사면, 습지, 계곡, 하천 주변에 서식하고, 초지, 낙엽, 돌무덤, 바위 등과 같이 습기가 일정하게 유지되는 곳에서 주로 관찰된다. 11월부터 이듬해 3월까지 산림지대 주변의 계곡과 하천 중 유속이 느리고 수심이 깊은 곳에서 동면한다. 다른 무미양서류와 달리 동면 중에도 계속 포접하며, 수컷들의 경쟁으로 동면 중에 포접쌍이 바뀌기도 한다(Lee and Park, 2009). 동면 장소 또는 인근의 유속이 느린 지점에서 4월부터 약 한 달 동안 번식한다. 수컷은 암컷 등 위에서 가슴을 껴안고 포접한다. 번식이 끝나면 성체들은 모두 산지로 이동한다. 동면하고자 10월부터 산림지대에 있는 계곡과 하천으로 이동하는데 이 시기에 포접하기도 한다. 주로 밤에 활동하며, 육상에서 개미, 메뚜기, 딱정벌레와 같은 곤충류를 비롯해 지렁이와 같은 빈모류를 잡아먹는다. 번식기 수컷과 암컷의 성비는 2~4:1로 수컷의 출현 비율이 높다. 수명은 5~6년이고 네 다리가 굵은 수컷이 작은 수컷에 비해 암컷과 포접하는 데 유리하다(Lee and Park, 2009).

Bufo stejnegeri Schmidt, 1931

Distribution
Widely distributed throughout Korean peninsula, excepting Jeju-island

Identification and ecology
Snout-vent length 4~6㎝. Body size smaller than *B. gargarizans*. Dorsal color from dark green, yellow to reddish brown. A various thin yellow-colored stripes from the snout to the tip of vent. Heart-shape parotid glands and warty skin. Ventral color light yellow, usually with black spots and its surface fairly smooth. Typanum not visible, being hidden under the skin. Breeding season from April and lasts for about 2 months. Breeding sites backwater pools of slowly moving streams. Operational sex ratio male-biased, ranging 2~4. Tiny nuptial pads on the front-feet of breeding males. Eggs laid in a pair of long intermingled strings under gravels. Clutch size 600~1,000 eggs. Longevity more than 5~6 years. Major preys Insecta, and Oligochaeta including ants, beetles, grasshoppers, and earthworms.

알(2011년 4월, 강원 영월)

올챙이(2013년 6월, 충북 제천)

준성체(2006년 6월, 실내 촬영)

준성체(2015년 8월, 강원 홍천)

성체 수컷(위)과 암컷(아래)(2011년 10월, 충북 단양)

번식지

물이 고인 하천의 소 구간(2011년 10월, 강원 삼척)

계곡 가장자리 유속이 느린 장소(2010년 4월, 충북 단양)

하천 가장자리 물이 고인 장소(2011년 4월, 강원 삼척)

돌과 낙엽에 엉겨 붙은 알(2010년 4월, 강원 인제)

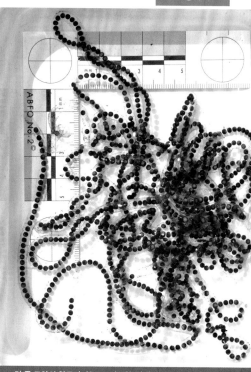

돌에 붙은 알(2008년 4월, 충북 단양)

긴 줄 모양의 알주머니(2012년 4월, 강원 영월)

알주머니 안에 한 줄로 든 알(2010년 4월, 강원 인제)

작은 금색 반점이 산재한 올챙이(2009년 7월, 강원 화천)

주둥이가 뭉툭한 올챙이(2011년 6월, 충북 단양)

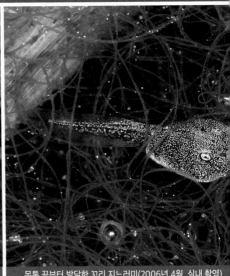

몸통 끝부터 발달한 꼬리 지느러미(2006년 4월, 실내 촬영)

번식기에 황갈색, 황록색을 띠는 수컷(2012년 3월, 충북 단양)

번식기에 황록색을 띠는 암컷(2008년 5월, 충북 충주)

번식기에 포접한 암수(2009년 4월, 강원 홍천)

번식기에 포접한 수컷과 암컷(2009년 4월, 강원 홍천)

비번식기에 암갈색, 적갈색을 띠는 수컷(2006년 6월, 강원 평창)

비번식기에 갈색, 황갈색을 띠는 암컷(2006년 6월, 강원 평창)

암컷 가슴을 잡고 포접한 수컷(2012년 3월, 강원 홍천)

암컷 가슴을 잡은 수컷(2012년 3월, 강원 홍천)

번식기 수컷의 혼인돌기(2012년 3월, 강원 홍천)

돌 밑에 산란(2012년 4월, 강원 영월)

낙엽더미에서 산란 중인 물두꺼비(2009년 4월, 충북 제천)

부화 직후, 난황이 남은 올챙이(2006년 4월, 실내 촬영)

바위에 부착한 조류를 긁어먹는 올챙이(2010년 6월, 강원 화천)

물속 바위 밑에서 동면 중인 물두꺼비(2009년 2월, 충북 제천)

귀샘에서 백색 독을 분비하는 물두꺼비(2010년 4월, 강원 인제)

물속 바위 밑에서 동면 중인 물두꺼비(2009년 2월, 충북 제천)

도롱뇽 알을 암컷으로 오인해 포접한 물두꺼비(2009년 4월, 강원 태백)

척삭동물문 > 양서강 > 무미목 > 청개구리과

청개구리

학명 *Hyla japonica* Günther, 1859
영명 Japanese tree frog, Tree frog

분포
국내 전국
국외 일본, 중국, 북한, 몽고, 러시아

법정관리현황
국내 수출·수입 등의 허가대상 야생생물
국외 IUCN Red List 'LC' (Least Concern, 최소관심)

형태

성체 주둥이부터 총배설강까지의 길이는 3~4㎝이다. 등면은 녹색, 암녹색, 회백색, 암회색 또는 회색 등으로 주변 환경에 따라 수시로 체색이 바뀌며, 개체변이 또한 다양하다. 풀이나 나뭇잎 위에서는 얼룩무늬가 없이 녹색을 띠지만 땅 위, 바위틈, 낙엽 아래와 같은 곳에 숨어 있을 때는 회백색 바탕에 암회색, 암갈색 얼룩무늬가 나타난다. 때때로 녹색 바탕에 암회색 얼룩무늬가 나타나기도 한다. 배면은 대부분 황백색, 백색이고 특별한 무늬는 없다. 콧구멍부터 눈과 고막을 지나 몸통 측면까지 갈색, 암갈색 또는 흑색 줄무늬가 있다. 둥근 황색, 갈색, 황갈색 고막이 뚜렷하다. 다른 무미양서류와 달리 발가락 끝에 흡판이 있어 주변 사물에 잘 기어오를 수 있다. 수컷은 턱 아래에 흑색 울음주머니가 1개 있다. 수컷의 울음주머니는 평상시에 늘어져 있어 그렇지 않은 암컷과 쉽게 구별된다. 암컷이 수컷보다 몸집이 조금 더 크다.

유생(올챙이) 등면은 황갈색, 적갈색 또는 암갈색이고 작은 흑색 반점이 몸통과 꼬리에 산재한다. 흑색 반점은 몸통보다 꼬리로 갈수록 크고 명확해진다. 배면은 백색, 황백색 또는 은백색으로 불투명하다. 개체에 따라 꼬리에 적색, 황적색 얼룩무늬가 나타나는 경우도 있다. 꼬리지느러미는 몸통 중간부터 얇은 막 형태로 시작된다. 위에서 보면 눈은 측면에 있고 분수공은 몸통 왼쪽에 있다. 항문은 꼬리를 중심으로 오른쪽을 향한다. 치열은 각질화된 흑색 턱부리를 중심으로 위에 2열, 아래에 3열이 있다. 위에서 두 번째 치열은 둘로 나뉜다(Park et al., 2006).

알 공 모양의 알은 대부분 1~20개씩 주변의 수초, 낙엽, 식물 잔해, 볏짚과 같은 곳에 붙어 있다. 알은 지름이 1.5㎜ 정도며, 투명한 교질층은 2겹이다(강과 윤, 1975). 알의 동물극은 흑색, 흑갈색이고 식물극은 백색, 회백색이다. 암컷 한 마리가 시간을 두고 여러 번에 걸쳐 알 250~800개를 낳는다(Uchiyama et al., 2002).

생태

산림지대, 경작지, 해안가, 섬에 있는 하천, 계곡, 습지, 초지 등지에 서식한다. 낮에는 주로 나뭇잎, 풀잎, 관목 위에 앉아 일광욕하고, 너무 넘거나 추울 때는 돌 틈, 바위 아래, 흙을 파고 들어가 쉰다. 4월부터 활동을 시작해 곧바로 번식에 접어들어 6

월까지 번식한다. 산지와 경작지 주변의 물웅덩이, 농수로, 습지, 논, 도랑 등지에서 성체와 알을 볼 수 있다. 특히 모내기가 시작되는 논에서 많이 번식한다. 수컷은 울음주머니가 있어 구애울음소리가 크다. 번식기가 끝난 이후에도 수컷은 습도가 높거나 비가 오면 울음소리를 낸다. 수컷은 암컷 등 위에서 어깨를 잡고 포접한다. 10월부터 산지 하단부와 경작지 주변의 낙엽, 고목, 바위 아래나 땅속에서 동면한다. 때때로 여러 마리가 한 곳에 모여 동면하기도 한다. 올챙이는 포식자인 잠자리 유충과 물고기를 냄새(화학적 신호)로 감지한다. 포식자에 따라 멀리 헤엄치거나 바닥에 가라앉아 움직이지 않는 등 다른 회피행동을 보인다(Takahara *et al.*, 2006). 주로 파리, 날도래, 벌, 나비, 딱정벌레와 같은 곤충류를 잡아먹는다(윤 등, 1996b). 몸집이 큰 수컷일수록 포접에 성공할 확률이 높고 수명은 6년 정도다(함, 2014).

Hyla japonica Günther, 1859

Distribution
Widely distributed throughout Korean peninsula

Identification and ecology
Snout-vent length 3~4㎝. Dorsal color from dark green, green, light gray to dark gray and highly variable depending on circumstances. Dorsal surface fairly smooth. Ventral color white and its surface usually smooth. A dark brown or black stripe from the behind of the snout through the beginning of front limbs to the middle of the flank. Circular typanum in about one-half diameter of the eye. Adhesive discs for attachment and climbing at the toes of front and hind feet. Great leap ability. Breeding season between April and June and lasts for about 3 months. A median subgular vocal sac with two slits on either side of the tongue in breeding males. Breeding sites still waters of swamps, rice-paddies, and ditches. Egg mass scattered in small clumps that stick to water plants, and stumps of rice. Clutch size 250~800 eggs. Longevity more than 6 years. In winter, hibernating in shallow burrows or under leaves. Preferred preys Insecta including flies, caddis flies, bees, and beetles.

알(2012년 7월, 인천 서구)

올챙이(2009년 7월, 경기 포천)

준성체(2013년 6월, 대구 달성)

준성체(2014년 6월, 강원 영월)

성체 수컷(위)과 암컷(아래)(2013년 5월, 전남 해남)

논과 도랑(2015년 6월, 경기 파주)

논과 농수로(2015년 5월, 인천 강화)

하천 주변에 있는 습지나 연못(2010년 5월, 경기 광주)

산간 계곡에 있는 저수시설(2011년 7월, 제주도)

수생식물을 기르는 수조(2009년 7월, 경기 포천)

식물 잔해에 엉겨 붙은 알(2012년 7월, 인천 서구)

투명한 교질층이 2겹인 알(2011년 7월, 제주도)

발생이 진행 중인 배아(2012년 7월, 인천 서구)

황색 바탕에 흑색 반점이 산재한 올챙이(2013년 6월, 충남 청양)

머리 측면에 눈이 있는 올챙이(2013년 6월, 충남 청양)

꼬리에 있는 흑색 반점이 뚜렷한 올챙이(2009년 7월, 경기 포천)

턱 밑에 울음주머니가 있는 수컷(2012년 7월, 인천 서구)

수컷과 달리 울음주머니가 없는 암컷(2012년 7월, 인천 서구)

수컷(위)보다 몸집이 더 큰 암컷(아래)(2014년 4월, 강원 삼척)

청개구리의 다양한 보호색
1 녹색형(2014년 6월, 강원 삼척)
2 녹색 바탕에 흑색 얼룩무늬형(2014년 8월. 경남 함안)
3 갈색 바탕에 흑색 얼룩무늬형(2012년 7월. 인천 서구)
4 회색 바탕에 흑색 얼룩무늬형(2011년 6월. 강원 원주)
5 회색 바탕에 흑색 작은 반점형(2013년 7월. 경남 창녕)

개체변이(2013년 9월, 제주도)

개체변이(2009년 6월, 굴업도)

체색 돌연변이(2004년 6월, 강원 철원)

바위 위에서 우는 수컷(2012년 7월, 인천 서구)

암컷 어깨를 잡고 포접한 수컷(2014년 4월, 강원 삼척)

포접쌍 옆에서 우는 또 다른 수컷(2012년 7월, 인천 서구)

나뭇잎에서 쉬는 청개구리(2013년 9월, 전남 해남)

풀잎에서 쉬는 청개구리(2014년 6월, 강원 영월)

도롱뇽을 암컷으로 오인해 포접한 청개구리(2014년 4월, 강원 삼척)

유혈목이가 잡아 먹은 청개구리(2014년 4월, 강원 삼척)

때까치가 잡아 먹이로 저장한 청개구리(2013년 11월, 경남 합천)

수원청개구리 한국고유종

학명 *Hyla suweonensis* Kuramoto, 1980
영명 Suweon tree frog

분포

국내 인천광역시(강화), 경기도(안성, 김포, 평택, 이천, 화성,
   용인, 파주), 충청남도(천안, 아산, 홍성, 부여, 충주, 진천,
   음성), 전라북도(익산, 완주, 군산), 강원도(원주)
국외 북한(개성)

법정관리현황

국내 멸종위기 야생생물 I 급
국외 IUCN Red List 'EN' (Endangered, 절멸위기)

형태

성체 주둥이부터 총배설강까지의 길이는 2.5~3.5cm이다. 등면은 녹색, 녹청색이고 주변 환경에 따라 체색이 다양하게 변한다. 배면은 백색이고 특별한 반점이나 얼룩무늬가 없다. 콧구멍부터 눈과 고막을 지나 몸통 측면까지 담갈색, 갈색 또는 흑갈색 줄무늬가 있다. 몸통 측면에 있는 갈색 줄무늬는 개체에 따라 흐리거나 아예 없는 경우도 있다. 수컷은 턱 아래에 울음주머니가 1개 있다. 평상시에는 늘어져 있어 울음주머니가 없는 암컷과 쉽게 구별된다. 울음주머니는 대부분 황색이지만 개체에 따라 턱 아래만 부분적으로 흑색인 경우도 있다. 발가락 끝에 흡판이 있어 주변 사물에 잘 기어오를 수 있다. 청개구리에 비해 몸집이 작고 발가락 사이의 물갈퀴가 덜 발달했다. 머리는 더 길고 뾰족하다(Kuramoto, 1980). 체색과 형태로 청개구리와 수원청개구리를 구별하기는 어렵다. 울음소리, DNA 분석 등을 모두 비교해야 정확하게 두 종을 분류할 수 있다.

유생(올챙이) 등면은 황색, 황갈색 또는 암갈색이고 작은 흑색 반점이 몸통과 꼬리에 산재한다. 흑색 반점은 몸통보다 꼬리로 갈수록 크고 명확해진다. 배면은 백색, 황백색 또는 은백색으로 불투명하다. 꼬리지느러미는 몸통 중간부터 얇은 막 형태로 시작된다. 위에서 보면 눈은 측면에 있고 분수공은 몸통 왼쪽에 있다. 항문은 꼬리를 중심으로 가운데를 향한다(국립생물자원관, 2014).

알 공 모양의 알은 대부분 1~20개씩 논의 벼 그루터기, 볏짚, 수초 등과 같은 곳에 붙어 있다. 알 지름은 1~1.5mm로 청개구리 알에 비해 조금 더 작다(국립생물자원관, 2014). 알의 동물극은 흑색, 흑갈색이고 식물극은 백색, 회백색이며, 투명한 교질층은 2겹이다.

생태

주로 대규모 평야지대의 논과 주변 농수로에 서식한다. 낮에는 주로 풀이나 나뭇잎에 앉아 쉬고 대개 밤에 활동한다. 4월부터 활동을 시작해 5월부터 7월까지 번식한다. 주로 논과 그 주변에서 알과 성체를 볼 수 있다. 수컷은 암컷 등 위에서 어깨를 잡고 포접한다. 번식기에는 수컷 대부분이 논에 들어가 모내기한 어린 벼를 네 다리로 잡고 구애울음소리를 내지만, 모내기 이전에는 논두렁에 난 풀이나 논둑에

앉아 울기도 한다. 번식기 수컷의 구애울음소리는 청개구리 수컷에 비해 저음이고 금속성 음이 섞여 있으며, 울음소리 간격이 짧은 것으로 알려진다(양 등, 1981; 양 과 박, 1988). 청개구리보다 40일가량 늦은 번식기, 수컷이 우는 장소의 차이, 유전 자형 등을 비교한 결과, 청개구리와 생식적으로 완전히 격리된 것으로 보고되었다 (Kuramoto, 1980; 양 등, 1981). 청개구리에 비해 가볍고 주둥이부터 총배설강까지 의 길이가 짧으며, 수명은 6년 정도다(함, 2014). 해발고도 50m 이하, 반경 1㎞ 이 내의 논 면적이 60% 이상인 곳, 산과 가까운 대규모 경작지(논)에서 번식하는 것으 로 알려진다(송, 2015). 한반도에 국지적으로 분포하고 개체군 밀도가 낮으며, 한 정된 번식지에서 번식한다는 생태적 특성상, 농약과 같은 오염원과 외래종 유입에 따른 서식지 교란 및 훼손 등 위협 요인에 매우 취약할 것으로 예상된다.

Hyla suweonensis Kuramoto, 1980
(Endangered species class ' I ' in Korea, Endemic species of Korea)

Distribution
Incheon(Ganghwa-gun), Gyeonggi-do(Paju-si, Pyeongtaek-si, Icheon-si), Chungcheongnam-do(Cheonan-si, Asan-si), Chungcheongbuk-do(Chungju-si, Eumseong-gun), Jeollabuk-do(Iksan-si, Wanju-gun), Kangwon-do(Wonju-si)

Identification and ecology
Snout-vent length 2.5~3.5㎝. Dorsal color from light green to dark green and highly variable depending on circumstances like *H. japonia*. Dorsal surface fairly smooth. Ventral color white, and its surface usually smooth. A dark brown or black stripe from the behind of the snout through the beginning of front limbs to the middle of flank. Circular typanum in about one-half diameter of the eye. Adhesive discs for attachment and climbing at the toes of front and hind feet. Great leap ability. Breeding season between May and July. Breeding sites still waters of race-paddies, ditches, and swamps. A median subgular vocal sac, colored in yellow or dark yellow in breeding males. Egg mass scattered in small clumps that stick to water plants, and stumps of rice. Longevity more than 6 years. Based on differences in breeding period, call characteristics, calling sites, mitochondrial gene, *H. suweonensis* classified as a new tree frog species in Korea in 1980.

알(2014년 7월, 충남 아산)

올챙이(2013년 6월, 충남 아산)

올챙이(2013년 6월, 충남 아산)

준성체(2013년 7월, 실내 촬영)

성체 수컷(위)과 암컷(아래)(2013년 6월, 충북 충주)

논과 도랑(2012년 6월, 충남 아산)

논과 도랑(2012년 6월, 충남 아산)

투명한 교질층이 2겹인 알(2014년 5월, 실내 촬영)

부화를 앞둔 올챙이(2015년 6월, 인천 서구)

기관형성기에 접어든 배아(2014년 5월, 실내 촬영)

부화 후 난황을 모두 흡수한 올챙이(2013년 6월, 실내 촬영)

흑색 잔반점이 산재한 올챙이(2013년 7월, 실내 촬영)

턱 밑에 울음주머니가 있는 수컷(2012년 6월, 인천 서구)

수컷과 달리 울음주머니가 없는 암컷(2015년 6월, 강화도)

암컷의 어깨를 잡고 포접한 수컷(2013년 6월, 충북 충주)

수원청개구리의 다양한 보호색
1 녹색형(2011년 6월, 경기 김포)
2 녹색 바탕에 엷은 얼룩무늬형(2012년 6월, 경기 평택)
3 녹색 바탕에 진한 얼룩무늬형(2012년 6월, 경기 김포)
4 녹색 바탕에 작은 흑색 반점형(2013년 8월, 충남 아산)

수원청개구리(위)와 청개구리(아래) 비교(2013년 6월, 충남 아산)

대부분 논에서 번식(2012년 6월, 경기 평택)

도랑에서 우는 수컷(2013년 5월, 충남 아산)

모내기한 벼를 잡고 우는 수컷(2013년 6월, 충남 아산)

논두렁에서 우는 수컷(2013년 5월, 충남 아산)

보리 잎에 앉아 우는 수컷(2015년 5월, 강화도)

한곳에 모여 일광욕하는 수원청개구리(2011년 6월, 경기 평택)

풀잎에 앉은 수원청개구리(2015년 5월, 강화도)

맹꽁이

학명 *Kaloula borealis* (Barbour), 1908
영명 Narrow-mouthed toad, Digging toad, Boreal digging toad

분포
국내 전국
국외 중국, 북한

법정관리현황
국내 멸종위기 야생생물 Ⅱ급
국외 IUCN Red List 'LC' (Least Concern, 최소관심)

형태

성체 주둥이부터 총배설강까지의 길이는 3~6㎝이다. 등면은 황색, 황갈색, 적갈색 또는 암갈색이고 작은 흑색 반점이 산재한다. 사는 지역과 장소에 따라 개체변이가 심하다. 목덜미와 등면에 작고 둥근 돌기가 듬성듬성 나 있다. 몸통 측면에 황색, 흑색, 백색 반점이 산재한다. 배면은 황갈색, 흑갈색이고 황색 반점이 산재한다. 황색 반점은 몸통 측면과 배면으로 갈수록 크고 명확해진다. 다른 무미양서류에 비해 머리가 뭉툭하며 네 다리도 무척 짧은 것이 특징이다. 고막은 뚜렷하지 않다. 흙을 잘 파고드는 습성이 있어 뒷발바닥에 단단한 황백색, 백색 쟁기발이 발달해 있다. 수컷은 턱 아래에 울음주머니가 1개 있다. 평상시에는 흑색이고 늘어져 있어 울음주머니가 없는 암컷과 쉽게 구별된다. 번식기가 돼도 수컷 발가락에는 혼인돌기가 발달하지 않는다. 암컷은 수컷보다 몸집이 조금 더 크다.

유생(올챙이) 몸 전체는 황색, 황갈색이고 몸통과 꼬리에 작은 흑색, 흑갈색 반점이 조밀하게 산재한다. 흑색 반점은 꼬리로 갈수록 크고 명확해진다. 배면은 백색, 황백색이고 반투명하다. 꼬리지느러미는 몸통 끝부분부터 시작된다. 위에서 보면 눈은 측면에 있고 분수공은 배면 중앙에 있다. 항문은 꼬리를 따라 중앙을 향한다. 다른 무미양서류 올챙이들과 달리 몸통이 무척 납작한 편이며 입판에 각질화된 흑색 턱부리와 치열이 없고 입술만 있다(Park et al., 2006).

알 납작한 알은 습지, 물웅덩이의 수면 위에 낱개로 흩어져 있다. 암컷 한 마리가 알 1,800~2,100개를 낳는다. 알 지름은 0.5~1㎜이며, 투명한 교질층은 2겹이다. 알의 동물극은 흑색, 흑갈색이고 식물극은 황백색이다. 낳은 알은 하루에서 이틀 정도 지나면 부화한다.

생태

내륙에서는 주로 저지대 평지, 습지, 초지, 경작지, 공원 주변에 서식한다. 제주도의 경우, 해안 저지대부터 중·산간 지역 사이의 경작지, 목초지, 오름 주변에 서식한다. 낮에는 대부분 돌 밑이나 흙을 파고들어가 숨어 있어 관찰하기 어렵고 주로 밤에 나와 먹이활동을 한다. 딱정벌레류, 파리류, 노린재류, 벌류, 나비류, 매미류, 집게벌레류, 거미류 등을 잡아먹고 이 가운데서 특히 파리류와 먼지벌레류를 많이

먹는다(고 등, 2012). 4월부터 활동을 시작하며, 6월부터 8월 사이 비가 집중적으로 내리는 장마철에 주로 번식한다. 번식 기간은 일주일 이내로 매우 짧고, 이 시기에 주변에 서식하는 성체 대부분이 번식지에 모여 집단으로 번식한다. 번식지는 해발 고도 80m 이내의 저지대로 주로 습지, 초지, 경작지(논과 밭) 주변 빗물이 고여 만들어진 물웅덩이나, 녹지 비중이 높은 도심지 공원, 학교, 공공시설 등의 초지, 배수로 등이다. 번식지에는 수컷이 먼저 도착해 구애울음소리를 내며, 낮보다는 주로 밤에 많이 운다. 번식기에 수컷은 암컷 등 위에서 겨드랑이를 잡고 포접하는데 특이하게 포접한 기간 동안 수컷의 배면과 암컷의 등면이 점액질로 서로 붙어 있다. 제주도 같은 섬이나 해안가에서 번식하는 경우, 부화한 올챙이들은 물속 염분 농도가 5‰ 이상이면 성장률과 생존율이 떨어진다고 보고되었다(고 등, 2015). 10월부터 서식지 근처 땅속에서 여러 마리가 한데 모여 동면한다(김과 한, 2009). 수명은 10년 정도고 수컷은 4~6년생이, 암컷은 5~7년생이 주로 번식에 참여한다(고 등, 2014).

Kaloula borealis (Barbour), 1908
(Endangered species class 'II' in Korea)

Distribution
Widely distributed throughout Korean peninsula

Identification and ecology
Snout-vent length 3~6㎝. Dorsal color from yellowish brown, brown, and dark brown with tiny black dots. Many small bumps on the dorsal surface. Flank dark brown with yellow flecks. Ventral color dark brown, usually with yellow spots. Ventral surface commonly smooth. Typanum not visible, being hidden under the skin. Spade-like protrusion, called a tubercle on the hind feet to dig burrows. Depending on heavy rain or rainy season, breeding season between June and August. Advertisement calls unique, coining its Korean name, and loud. Breeding sites still waters of swamps, ponds, and drainage canal. Breeding males earlier at the breeding site and wait for breeding females. Scattered eggs individually floating on the water surface. Single egg dish-like shape. Clutch size 1,800~2,100 eggs. Breeding males mainly 4~6 years old and females 5~7 years old. Longevity more than 10 years. Preferred preys Insecta including beetles, flies, bees, and plant bugs. In winter, hibernating under the ground.

올챙이(2012년 7월, 인천 서구)

알(2015년 7월, 영종도)

2년생 준성체(2012년 7월, 인천 서구)

성체 수컷(위)과 암컷(아래)(2011년 6월, 경기 성남)

산지 주변에 있는 밭과 물웅덩이(2011년 6월, 경기 성남)

산지 주변에 있는 습지나 물웅덩이(2015년 7월, 영종도)

공원 주변에 있는 배수로(2012년 7월, 인천 서구)

주택가에 있는 초지와 물웅덩이(2015년 7월, 영종도)

오름 정상부에 있는 습지(2010년 9월, 제주도)

밭 주변에 생긴 물웅덩이(2011년 7월, 제주도)

물 위에 둥둥 뜬 알(2010년 7월, 강원 춘천)

투명한 교질층이 2겹인 알(2011년 6월, 경기 성남)

몸통이 납작한 올챙이(2012년 7월, 인천 서구)

황색 바탕에 흑색 잔반점이 산재한 올챙이(2009년 8월, 실내 촬영)

턱 밑에 울음주머니가 있는 수컷(2015년 6월, 경기 김포)

수컷과 달리 울음주머니가 없는 암컷(2015년 7월, 경기 김포)

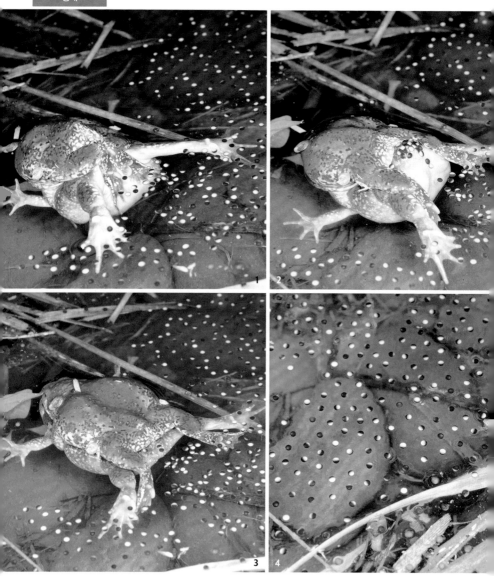

맹꽁이 산란 과정(2012년 7월, 인천 서구)
1 수컷은 암컷의 몸통을 조여 산란을 돕는다.
2 암컷의 산란과 동시에 수컷이 방정해 체외수정한다.
3 암컷과 수컷은 산란과 방정을 여러 번 반복한다.
4 갓 낳은 알이 물 위에 둥둥 떠 있다.

맹꽁이 발생과 성장(2012년 7월, 인천 서구)
1 갓 낳은 알은 동물극과 식물극의 구별이 뚜렷하다.
2 난할이 시작돼 4~16세포기를 지나고 있다(산란 후 1시간 경과).
3 배아가 낭배기를 지나 신경배에 접어들었다(산란 후 3시간 경과).
4 기관형성기를 지나 올챙이의 모습을 갖추고 있다(산란 후 1일 경과).
5 부화해 완전한 올챙이의 모습을 갖췄다(산란 후 2일 경과).
6 올챙이의 뒷다리가 나오기 시작했다(산란 후 10일 경과).

구애울음소리를 내는 수컷(2015년 7월, 영종도)

암컷의 겨드랑이를 잡고 포접한 수컷(2012년 6월, 인천 서구)

돌 밑에 숨은 맹꽁이(2010년 9월, 제주도)

흙 속에서 쉬는 맹꽁이(2011년 7월, 제주도)

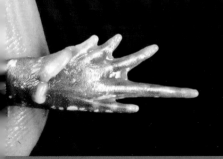
땅을 파기에 적합하도록 발달한 쟁기발(2012년 6월, 인천 서구)

방어 자세를 취한 맹꽁이(2012년 6월, 인천 서구)

한국산개구리

학명 *Rana coreana* (Okada), 1928
 (=*Rana kunyuensis*)
영명 Korean brown frog

분포

국내 전국(제주도 제외)
국외 북한

법정관리현황

국내 포획·채취 등의 금지 야생생물,
 수출·수입 등의 허가대상 야생생물,
 인공증식 또는 재배를 위한 포획·채취 등의 허가대상 야생생물
국외 IUCN Red List 'LC' (Least Concern, 최소관심)

분류

2015년, 우리나라와 중국에 서식하는 산개구리류(*Rana amurensis, R. coreana, R. kunyuensis*) 3종을 형태학적, 유전학적으로 비교 연구한 결과, 2002년 중국 산둥반도 쿤륜산(Mt. Kunyu)에서 신종으로 기재한 *R. kunyuensis*와 우리나라에 서식하는 한국산개구리(*R. coreana*)는 같은 종으로 *R. kunyuensis*는 *R. coreana*의 후행이명(junior synonym)인 것으로 확인되었다(Lu and Li, 2002; Zhou *et al.*, 2015).

형태

성체 주둥이부터 총배설강까지의 길이는 3.5~5㎝로 산개구리류 가운데 몸집이 가장 작다. 등면은 황색, 황갈색, 적갈색이고 작은 녹황색, 흑색 반점과 얼룩무늬가 산재한다. 등면 양쪽에 황색, 황적색 융기선이 가늘게 2줄 있다. 배면은 백색, 황백색 또는 황적색이며, 작은 흑색, 암갈색 반점이 산재한 경우도 있고 없는 경우도 있다. 뒷다리와 앞다리 일부에는 가는 흑색 줄무늬가 있다. 서식 지역에 따라 개체변이가 심하다. 머리는 둥글고 뾰족하다. 주둥이부터 콧구멍과 눈을 지나 어깨까지 넓은 암갈색, 갈색, 흑색 줄무늬가 있다. 눈 뒤에 둥근 고막이 뚜렷하다. 산개구리류 가운데 유일하게 주둥이 가장자리를 따라 목덜미까지 가는 백색, 황백색 줄무늬가 있다. 수컷은 외부에 울음주머니가 없고, 후두기관만으로 울기 때문에 구애 울음소리가 작다. 번식기에 수컷은 앞발 첫 번째 발가락에 혹처럼 도드라진 흑색 혼인돌기가 1~2개 발달한다. 번식기 수컷의 배면은 주로 백색, 황백색인 반면, 암컷은 황적색, 적색이기 때문에 쉽게 성별을 구별할 수 있다. 암컷이 수컷보다 몸집이 더 크다.

유생(올챙이) 등면은 황색, 황갈색, 또는 회갈색이고 작은 흑색 반점이 몸통과 꼬리에 산재한다. 흑색 반점은 꼬리로 갈수록 짙고 명확해진다. 배면은 회갈색, 흑색이고 반투명하다. 몸통은 둥근 편이고 꼬리지느러미는 몸통 중간부터 얇은 막 형태로 시작된다. 위에서 보면 눈은 등면에 있고 분수공은 몸통 왼쪽에 있다. 항문은 꼬리를 중심으로 오른쪽을 향한다. 입판의 치열은 가운데 각질화된 흑색 턱부리를 중심으로 위에 2열, 아래에 3열이 있다. 위 두 번째 치열과 아래 첫 번째 치열은 둘로 나뉜다(Park *et al.*, 2006).

알 공 모양 알이 한 덩어리를 이루고, 알 덩어리 지름은 5~10㎝이다. 대부분 논, 물웅덩이, 습지와 같이 고인 물에서 관찰된다. 흑갈색, 흑색인 알 지름은 1~1.5㎜이며, 투명한 교질층은 3겹이다. 암컷 한 마리가 알 200~500개를 낳는다. 다수의 성체들이 한 장소에 모여 집단적으로 산란하므로, 수십에서 수백 개의 알 덩어리가 동시에 관찰되기도 한다.

생태

산림지대와 인접한 논, 습지, 계곡, 경작지 주변에 서식한다. 2월이면 동면에서 깨어나고 곧바로 4월까지 번식한다. 번식지는 산림지대 주변에 있는 논, 물웅덩이, 도랑 등이며, 많은 장소에서 북방산개구리 알과 한국산개구리 알이 함께 관찰되기도 한다. 대부분 고인 물을 선호하기 때문에 하천이나 계곡 주변에서는 알을 관찰하기 어렵다. 북방산개구리, 계곡산개구리와 달리 번식이 끝난 이후에 산지로 곧바로 이동하지 않고 번식지와 그 주변에 남아 활동한다. 수컷은 암컷 등 위에서 가슴을 껴안고 포접한다. 10월이면 논, 농수로, 물웅덩이, 습지의 물속 진흙을 파고들어 동면한다. 때때로 경작지 주변이나 논두렁 안을 파고들어가 동면하는 경우도 있다. 주로 육상에서 생활하는 거미류, 메뚜기, 귀뚜라미, 파리, 벌과 같은 곤충류를 비롯해 지렁이와 같은 빈모류 등을 잡아먹는다.

Rana coreana (Okada), 1928
(=*Rana kunyuensis*)

Distribution
Widely distributed throughout Korean peninsula, excepting Jeju-island

Identification and ecology
Snout-vent length 3.5~5㎝. Body size smaller than *R. huanrenensis, R. dybowskii*. Dorsal color from yellowish brown, brown to greenish yellow with tiny black dots. Prominent, nearly straight dorsolateral folds commonly in lighter color than the surface. Dorsal surface fairly smooth. Ventral color white, and yellowish red, usually with black spots. Broad black spot between the hind of the eye and the beginning of front limbs. Unique and prominent white stripe on the upper lip. Circular typanum in same or slightly smaller diameter of the eye. Nuptial pads on the front-feet of breeding males. Breeding season from the beginning of February to April. Globular egg mass of which in 5~10cm diameter laid in still waters of rice-paddies, ditches, ponds, and marshes. Clutch size 200~500 eggs. Major preys Insecta, Oligochaeta, and Arachnida including ants, beetles, grasshoppers, flies, and spiders.

올챙이(2011년 4월, 경기 양평)

알(2011년 3월, 강원 홍천)

준성체(2013년 6월, 충남 아산)

성체 수컷(위)과 암컷(아래)(2012년 3월, 경기 양평)

산지 주변에 있는 논과 도랑(2011년 3월, 경기 양평)

경작지 주변에 있는 묵논이나 습지(2012년 3월, 충남 아산)

산지 주변에 있는 연못이나 물웅덩이(2012년 4월, 충남 아산)

둥근 공 모양의 알 덩어리(2009년 4월, 경기 가평)

식물 잔해 위에 낳은 알(2014년 2월, 경남 창녕)

서로 엉겨 붙은 알 덩어리(2011년 3월, 강원 홍천)

한국산개구리 알(왼쪽)과 북방산개구리 알(오른쪽)(2011년 3월, 강원 홍천)

형태

몸통 중간부터 발달한 꼬리지느러미(2014년 6월, 강원 삼척)

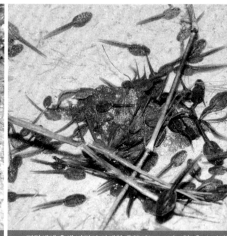
적갈색에 흑색 반점이 산재한 올챙이(2012년 4월, 충남 서산)

무리 지어 있는 올챙이(2012년 4월, 충남 서산)

변태 중인 준성체(2013년 5월, 충남 아산)

변태를 마친 준성체(2011년 6월, 충남 아산)

황록색, 황갈색을 띠는 번식기 수컷(2011년 3월, 경기 양평)

주둥이 주변에 황백색 줄무늬가 있는 성체(2012년 3월, 경기 광주)

번식기에 적갈색, 황갈색을 띠는 암컷(2012년 2월, 경기 광주)

비번식기에 황색을 띠는 수컷(2013년 7월, 충남 아산)

비번식기에 적갈색, 황갈색을 띠는 암컷(2014년 8월, 대구 달성)

개체변이(2011년 3월, 경기 가평)

개체변이(2010년 3월, 강원 홍천)

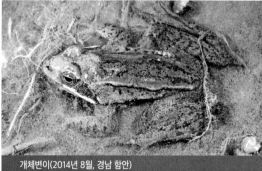
개체변이(2014년 8월, 경남 함안)

개체변이(2012년 2월, 경기 광주)

개체변이(2012년 2월, 경기 양평)

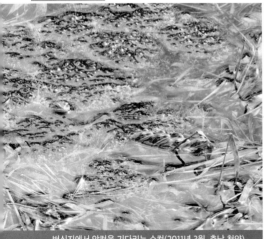

번식지에서 암컷을 기다리는 수컷(2011년 3월, 충남 청양)

구애울음소리를 내는 수컷(2011년 3월, 충남 청양)

암컷 등 위에서 가슴을 잡고 포접한 수컷(2012년 3월, 충남 아산)

번식기 수컷의 혼인돌기(2011년 2월, 충남 아산)

황소개구리를 포접한 한국산개구리(2013년 3월, 경남 창녕)

번식기를 앞둔 도롱뇽(왼쪽)과 한국산개구리(오른쪽)(2014년 2월, 경남 창녕)

계곡산개구리

학명 *Rana huanrenensis* Fei, Ye and Huang, 1991
영명 Huanren brown frog, Huanren frog, Korean stream bron frog

분포

국내 전국(제주도 제외)
국외 중국

법정관리현황

국내 포획·채취 등의 금지 야생생물,
　　　수출·수입 등의 허가대상 야생생물,
　　　인공증식 또는 재배를 위한 포획·채취 등의 허가대상 야생생물
국외 IUCN Red List 'LC' (Least Concern, 최소관심)

형태

성체 주둥이부터 총배설강까지의 길이는 3.5~6㎝로 한국산개구리보다는 크고, 북방산개구리보다는 작다. 체색은 서식 지역에 따라 개체변이가 심하다. 등면은 황갈색, 황록색 또는 적갈색이고 작은 흑색 반점이 산재한다. 등면 양쪽에 가는 갈색, 황갈색, 적색 융기선이 2줄 있다. 배면은 백색, 담황색, 황색 또는 황적색이며, 흑색 반점이 목덜미와 몸통 전체에 산재한다. 흑색 반점은 개체에 따라 목덜미 부분에만 있는 경우도 있다. 앞다리 일부와 뒷다리에 굵은 흑색, 흑갈색 줄무늬가 있다. 머리는 둥글고 뭉툭하며, 주둥이부터 콧구멍과 눈을 지나 어깨까지 암갈색, 흑색 줄무늬가 있다. 개체에 따라 흑색 줄무늬는 눈 뒤에서부터 나타나기도 한다. 수컷은 외부에 울음주머니가 없어 후두기관만으로 울기 때문에 구애울음소리가 작다. 번식기에 수컷은 앞발 첫 번째 발가락에 혹처럼 도드라진 흑색 혼인돌기가 2개 발달한다. 번식기 수컷의 배면은 백색, 담황색인 반면, 암컷은 턱 아래와 배면이 모두 황색, 황적색이기 때문에 쉽게 성별을 구별할 수 있다. 암컷이 수컷보다 몸집이 더 크다.

유생(올챙이) 등면은 암갈색이며, 작은 흑색 반점과 금색 반점이 몸통과 꼬리에 산재한다. 금색 반점은 꼬리로 갈수록 명확해진다. 배면은 흑색이고 반투명해 내장이 보인다. 몸통은 둥글고 뭉툭하고 꼬리지느러미는 몸통 끝부분부터 시작된다. 위에서 보면 눈은 등면에 있고 분수공은 몸통 왼쪽에 있다. 항문은 꼬리를 중심으로 오른쪽을 향한다. 입판의 치열은 흑색 턱부리를 중심으로 위에 4열, 아래에 4열이 있다. 위 치열은 개체에 따라 두 번째부터 네 번째까지 둘로 나뉘며, 아래는 첫번째 치열이 둘로 나뉜다(Park *et al.*, 2006).

알 공 모양 알이 한 덩어리를 이루며, 알 덩어리 지름은 8~12㎝이다. 주로 계곡과 하천 가장자리의 바위, 돌, 낙엽에 단단히 붙어 있다. 다른 산개구리류의 알과 달리 교질층이 단단하고 알끼리의 접착성이 강해 손에 알 덩어리를 올리면 손가락 사이로 흐르지 않는 것이 특징이다. 흑갈색, 흑색인 알 지름은 1~1.5㎜이며, 투명한 교질층은 3겹이다. 암컷 한 마리가 알 300~800개를 낳는다. 장소에 따라 수십에서 수백 개의 알 덩어리가 한 곳에 모여 있는 경우도 있다.

생태

산림지대의 산사면, 하천, 계곡, 경작지 주변에 서식한다. 2월부터 동면에서 깨어나 곧바로 4월까지 산지 주변의 계곡과 하천에서 번식한다. 대부분 흐르는 물을 선호해 계곡과 하천 가장자리 수심이 얕은 곳의 바위나 물에 반쯤 잠긴 돌에 붙여 알을 낳지만, 때때로 주변 암반 위나 샘이 솟는 웅덩이에 산란하기도 한다. 알의 부화율과 성장률은 수온 영향을 많이 받는다. 수온이 13℃일 때 부화가 가장 빠르지만 부화율과 부화한 올챙이의 크기는 10℃일 때 가장 높고 큰 것으로 알려졌다(나 등, 2015). 수컷은 암컷 등 위에서 가슴을 잡고 포접한다. 번식이 끝나면 성체들은 서식지로 되돌아간다. 10월이면 산지 계곡, 하천의 유속이 느리고 수심이 깊은 물속 돌과 바위 아래에서 동면한다. 주로 육상에서 파리, 벌, 날도래, 나비와 같은 곤충류와 지렁이 등을 잡아먹는다. 수명은 9~10년이고 수컷은 4~6년생이, 암컷은 5~8년생이 주로 번식에 참여한다(서, 2011).

Rana huanrenensis Fei, Ye, and Huang, 1991

Distribution

Widely distributed throughout Korean peninsula, excepting Jeju-island

Identification and ecology

Snout-vent length 3.5~6㎝. Dorsal color from yellowish brown, brown, greenish yellow to reddish brown with tiny black dots. Prominent, nearly straight dorsolateral folds in commonly lighter color than the surface. Dorsal surface fairly smooth. Ventral color from white, light yellow, yellow to yellowish red, usually with black spots. Broad black spot between the hind of the eye and the beginning of front limbs. Circular typanum in same or slightly smaller diameter of the eye. Nuptial pads on the front-feet of breeding males. Breeding season from the beginning of February to April. A group of breeding males congregate at relatively deep, still waters in the valley and then wait for breeding females. Sticky egg mass in approximately 8~12㎝ diameter. Clutch size 300~800 eggs. Breeding males mainly 4~6 years old and females 5~8 years old. Longevity more than 9~10 years. Major preys Insecta, Oligochaeta, and Arachnida including ants, beetles, grasshoppers, flies, and spiders.

알(2008년 3월, 충북 단양)

올챙이(2011년 6월, 충북 단양)

준성체(2009년 7월, 충북 제천)

성체 수컷(위)과 암컷(아래)(2012년 3월, 강원 홍천)

산지 계곡의 상류(2011년 4월, 강원 삼척)

산지 계곡의 중·하류(2011년 4월, 강원 홍천)

산지 주변에 있는 하천(2012년 4월, 강원 홍천)

계곡 주변 암반 위에 고인 물(2011년 4월, 강원 삼척)

계곡 주변에 있는 연못(2012년 4월, 경북 봉화)

계곡 한 곳에 무리 지어 있는 알 덩어리(2013년 3월, 충북 제천)

단단하게 엉겨 붙은 알 덩어리(2007년 4월, 강원 평창)

바위에 붙은 알 덩어리(2012년 3월, 강원 평창)

계곡에 집단으로 낳은 알 덩어리(2013년 3월, 충북 제천)

갓 부화한 올챙이(2012년 3월, 충북 단양)

흑색과 금색 잔반점이 산재한 올챙이(2010년 5월, 충북 제천)

몸통 끝에서부터 발달한 꼬리지느러미(2011년 6월, 강원 원주)

변태가 진행 중인 올챙이(2010년 6월, 강원 삼척)

번식기에 황갈색, 녹황색을 띠는 수컷(2012년 3월, 강원 춘천)

번식기에 황갈색, 녹황색을 띠는 수컷(2014년 3월, 전남 담양)

번식기에 적갈색, 적색을 띠는 암컷(2011년 3월, 충북 단양)

번식기에 적갈색, 적색을 띠는 암컷(2012년 2월, 충북 제천)

계곡산개구리(왼쪽)와 북방산개구리(오른쪽) 비교(2012년 2월, 강원 평창)

계곡산개구리(왼쪽)와 북방산개구리(오른쪽) 비교(2012년 2월, 강원 평창)

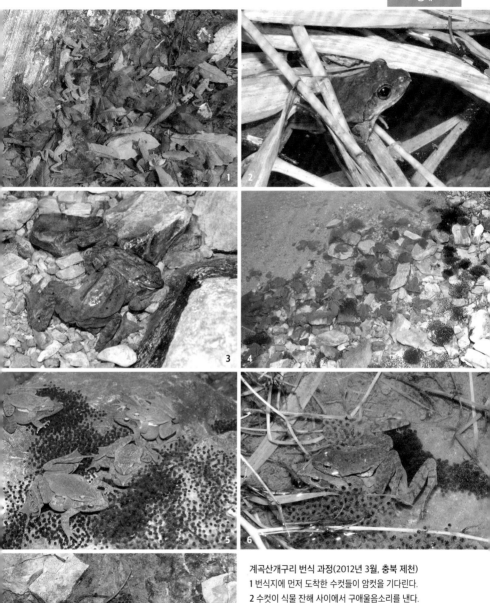

계곡산개구리 번식 과정(2012년 3월, 충북 제천)
1 번식지에 먼저 도착한 수컷들이 암컷을 기다린다.
2 수컷이 식물 잔해 사이에서 구애울음소리를 낸다.
3 수컷 여러 마리가 임깃을 시교 치지히기 위해 몸싸움을 벌인다.
4 산란하기 좋은 장소에 여러 마리가 모여 집단으로 번식한다.
5 포접한 암수가 산란을 준비한다.
6 수컷은 암컷의 복부를 자극해 산란을 돕는다.
7 산란 직후 알(오른쪽)은 덩어리져 있다.

번식기 수컷의 혼인돌기(2012년 3월, 강원 평창)

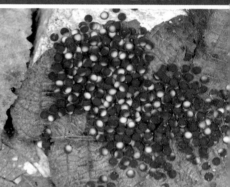

갓 낳은 알 덩어리(2009년 2월, 강원 홍천)

암컷의 가슴을 잡고 포접한 수컷(2012년 3월, 강원 평창)

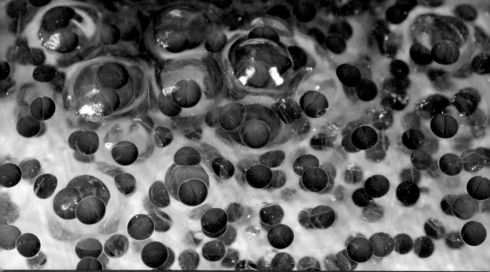

난할이 시작돼 2세포기가 진행된 배아(2009년 2월, 강원 홍천)

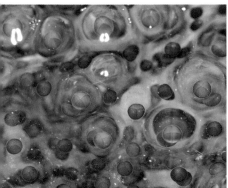

난할이 진행돼 4세포기에 접어든 배아(2009년 2월, 강원 홍천)

바위에 부착한 조류를 긁어먹는 올챙이(2012년 4월, 강원 평창)

죽은 수서곤충을 뜯어먹는 올챙이(2012년 4월, 강원 평창)

방어 자세를 취한 계곡산개구리(2012년 4월, 강원 평창)

버들치를 암컷으로 오인해 포접한 수컷(2014년 3월, 전남 담양)

척삭동물문 〉 양서강 〉 무미목 〉 개구리과

북방산개구리

학명 *Rana dybowskii* Günther, 1876
　　(=*Rana uenoi*)
영명 Dybowski's brown frog, Dybowski's frog

분포

국내 전국
국외 북한, 러시아

법정관리현황

국내 포획·채취 등의 금지 야생생물,
　　　수출·수입 등의 허가대상 야생생물,
　　　인공증식 또는 재배를 위한 포획·채취 등의 허가대상 야생생물
국외 IUCN Red List 'LC' (Least Concern, 최소관심)

분류

2014년, 북방산개구리의 원기재 지역인 러시아를 포함해 우리나라, 일본(대마도)에 서식하는 북방산개구리(*Rana dybowskii*) 개체군을 대상으로 형태학적, 유전학적으로 비교 연구한 결과, 우리나라 일부 지역과 대마도에 서식하는 *R. dybowskii* 집단이 원기재 지역인 러시아 집단과 뚜렷한 차이를 보여 다른 종으로 분류하고 학명을 *R. uenoi*로 기재했다(Matsui, 2014). 하지만 기존까지 우리나라에 서식하는 것으로 알려졌던 *R. dybowskii*와 *R. uenoi*의 한반도 내 분포 현황에 대해서는 북한 지역의 자료 부족을 근거로 명확한 결론을 도출하지 못했다.

형태

성체 주둥이부터 총배설강까지의 길이는 4~7㎝로 산개구리류 가운데 몸집이 가장 크다. 서식지역에 따라 개체변이가 심하다. 등면은 황색, 황갈색, 적색, 적갈색 또는 암회색이고 작은 흑색 반점이 산재한다. 등면 양쪽에 가는 황회색, 적갈색 융기선이 2줄 나 있다. 개체에 따라 융기선 2줄 사이에 짧은 융기선들이 불규칙하게 있는 경우도 있다. 배면은 백색, 회백색, 황색 또는 황적색이며 작은 흑색 반점이 산재해 있으나, 개체에 따라 흑색 반점이 아예 없는 경우도 있다. 앞다리 일부와 뒷다리에 가는 흑색, 흑갈색 줄무늬가 있다. 머리는 둥글고 다소 뾰족한 편이며, 한국산개구리와 달리 눈 뒤에서부터 어깨까지 암갈색, 흑색 줄무늬가 있다. 눈 뒤에 둥근 고막이 뚜렷하다. 수컷은 턱 아래에 울음주머니가 한 쌍 있다. 번식기 수컷은 앞발 첫 번째 발가락에 혹처럼 도드라진 흑색 혼인돌기가 2~3개 발달한다. 번식기 수컷의 배면은 백색인 반면, 암컷은 황색, 황적색 또는 적색으로 성별을 쉽게 구별할 수 있다. 암컷이 수컷보다 몸집이 더 크다.

유생(올챙이) 등면은 황색, 황갈색 또는 암갈색이고 작은 흑색, 금색 반점이 산재한다. 흑색 반점은 꼬리로 갈수록 명확해진다. 배면은 암갈색이고 반투명해 내장이 보인다. 몸통은 둥글고 꼬리지느러미는 몸통 끝부분부터 시작된다. 위에서 보면 눈은 등면에 있고 분수공은 몸통 왼쪽에 있다. 항문은 꼬리를 중심으로 오른쪽을 향한다. 입판의 치열은 흑색 턱부리를 중심으로 위에 4열, 아래에 4열이 있다. 위 치열은 개체에 따라 두 번째부터 네 번째까지 둘로 나뉘며, 아래는 첫 번째 치열이 둘로 나뉜다(Park *et al.*, 2006).

알 공 모양 알이 한 덩어리를 이루며, 알 덩어리의 지름은 10~15㎝이다. 산지 주변에 있는 논, 도랑, 농수로, 물웅덩이, 습지에서 수심이 얕은 곳에 떠 있거나 물속에 가라앉아 있다. 흑갈색, 흑색인 알 지름은 1.2~1.8mm이며, 투명한 교질층은 3겹이다. 암컷 한 마리가 알 400~1,200개를 낳는다. 다수의 성체들이 한 장소에 모여 집단적으로 산란하므로, 한 장소에서 수십에서 수백 개의 알 덩어리가 관찰되기도 한다.

생태

산림지대의 산사면, 하천, 계곡, 경작지 주변에 서식한다. 2월부터 동면에서 깨어나 곧바로 4월까지 번식한다. 제주도에서는 1월에 산란하기도 한다(고, 2012). 흐르는 물보다는 고인 물을 번식지로 선호하기 때문에 산지와 인접한 논, 물웅덩이, 도랑, 농수로, 습지에서 알과 성체를 볼 수 있다. 같은 장소에서 한국산개구리와 함께 번식하기도 한다. 서식지 내에 고인 물과 같은 번식 장소가 없는 경우에는 산지 계곡, 하천 주변에 물이 고인 곳이나 유속이 느린 하천 가장자리에 산란하기도 한다. 제주도에서는 해안가부터 한라산 정상부까지 거의 전 지역에 서식하며, 하천 암반 위 물이 고인 장소, 물웅덩이, 곶자왈 지역에 있는 습지 등에서 번식한다(고, 2012). 수컷은 암컷 등 위에서 가슴을 잡고 포접한다. 10월부터 계곡, 유속이 느리고 수심이 깊은 하천의 돌과 바위 아래에서 동면하거나 계곡과 하천 주변의 바위 틈, 돌 아래 또는 흙 속에 파고들어 동면하는 경우도 있다. 주로 노린재, 딱정벌레 등과 같은 곤충류, 지렁이와 같은 빈모류, 나비·나방류 유충, 거미류 등을 잡아먹는다(고 등, 2013). 수명은 7~8년이고 수컷은 3~5년생이, 암컷은 4~6년생이 주로 번식에 참여한다(김, 2010).

Rana dybowskii Günther, 1876

(=Rana uenoi)

Distribution

Widely distributed throughout Korean peninsula

Identification and ecology

Snout-vent length 4~7cm. Body size bigger than *R. huanrenensis, R. coreana*. Dorsal color from yellowish brown, brown, reddish brown to dark gray with tiny black dots. Prominent, nearly straight dorsolateral folds commonly in lighter color than surface. Dorsal surface covered with small tubercles or granules. Ventral color from white, light yellow, yellow to yellowish red, usually with black spots. Broad black spot between the hind of the eye and the beginning of front limbs. Circular typanum in same or slightly smaller diameter of the eye. Nuptial pads on the front-feet of breeding males. Breeding season from the beginning of February to April. Breeding sites still waters of rice-paddies, ditches, ponds, and backwater pools of slowly moving streams. Globular egg mass in approximately 10-15cm diameter. Clutch size 400~1,200 eggs. Breeding males earlier at the breeding site and wait for breeding females. A pair of vocal sacs with openings at the corners of the mouth in breeding males. Breeding males mainly 3~5 years old and females 4~6 years old. Longevity more than 7~8 years. Major preys Insecta, Oligochaeta, Lepidoptera, and Arachnida inclduing ants, beetles, grasshoppers, flies, butterflies, and spiders.

알(2012년 3월, 강원 평창)

올챙이(2010년 5월, 강원 평창)

준성체(2011년 7월, 제주도)

준성체(2012년 5월, 충남 청양)

성체 수컷(위)과 암컷(아래)(2015년 4월, 강원 홍천)

산지 내에 형성된 습지(2011년 5월, 강원 인제)

산지 주변에 있는 계곡(2012년 3월, 충남 청양)

산지 주변에 있는 물웅덩이(2010년 3월, 경기 성남)

산지 주변에 있는 논과 도랑(2011년 3월, 충남 청양) 　고산 습지나 오름 정상부 습지(2013년 3월, 제주도)

곶자왈 주변에 있는 습지(2009년 2월, 제주도)

덩어리를 이루는 알(2012년 2월, 충북 단양)

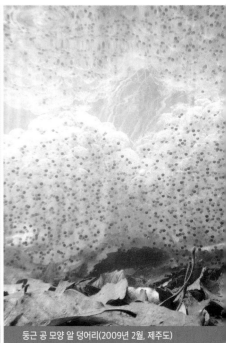

둥근 공 모양 알 덩어리(2009년 2월, 제주도)

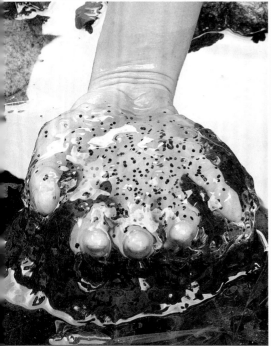

서로 엉겨 붙은 정도가 덜한 알 덩어리(2008년 3월, 강원 평창)

연못에 집단으로 낳은 알 덩어리(2010년 4월, 경기 성남)

북방산개구리(왼쪽)와 계곡산개구리(오른쪽) 알 덩어리 비교(2009년 3월, 강원 평창)

북방산개구리(아래)와 한국산개구리(위) 알 덩어리 비교(2006년 3월, 경기 가평)

알에서 부화하는 올챙이(2009년 4월, 강원 홍천)

갓 부화한 올챙이(2009년 4월, 강원 홍천)

몸통 끝에서부터 발달한 꼬리지느러미(2010년 5월,

변태가 진행 중인 올챙이(2013년 6월, 경기 포천)

포접한 수컷(위)과 암컷(아래)(2012년 3월, 강원 홍천)

번식기에 회갈색, 암회색을 띠는 수컷(2012년 3월, 충남 아산)

번식기에 적갈색, 황갈색, 갈색을 띠는 암컷(2012년 3월, 충북 제천)

비번식기에 회색을 띠는 수컷(2014년 7월, 강원 원주)

비번식기에 황색을 띠는 암컷(2010년 7월, 경기 포천)

개체변이(2012년 2월, 충남 청양)

개체변이(2014년 9월, 강원 영월)

개체변이(2012년 3월, 강원 춘천)

개체변이(2012년 3월, 경북 봉화)

개체변이(2012년 3월, 경북 봉화)

개체변이(2013년 3월, 강원 영월)

개체변이(2015년 2월, 제주도)

개체변이(2013년 3월, 제주도)

개체변이(2013년 3월, 제주도)

구애울음소리를 내는 수컷(2012년 3월, 충남 청양)

암컷 등 위에서 가슴을 잡고 포접한 수컷(2008년 3월, 충북 제천)

번식기 수컷의 혼인돌기(2012년 2월, 강원 인제)

암컷이 산란하자 등 위에서 방정해 체외수정하는 수컷(2014년 3월, 전남 담양)

식물 잔해를 갉아먹는 올챙이(2010년 5월, 강원 평창)

수서곤충(날도래류)에 사로잡힌 올챙이(2011년 6월, 강원 원주)

방어 자세를 취한 북방산개구리(2015년 4월, 강원 홍천)

물속에서 동면하는 북방산개구리(2012년 3월, 충남 청)

황소개구리를 암컷으로 오인해 포접한 수컷(2012년 2월, 충남 아산)

청개구리를 암컷으로 오인해 포접한 수컷(2014년 3월, 강원 삼척)

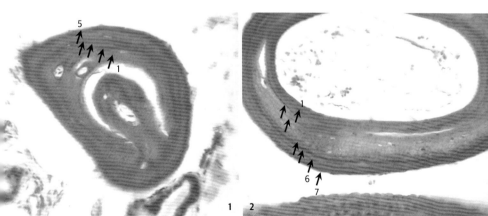

북방산개구리 발가락뼈(지골)에 형성된 연령선(LAG) (2008년 6월, 광학현미경, x400)
1 5년생 수컷
2 7년생 암컷

척삭동물문 > 양서강 > 무미목 > 개구리과

참개구리

학명 *Pelophylax nigromaculatus* (Hallowell), 1861
　　　(=*Rana nigromaculata*)
영명 Black-spotted pond frog, Dark-spottrd frog, Common pond frog

분포

국내 전국
국외 중국, 일본, 북한, 러시아

법정관리현황

국내 수출·수입 등의 허가대상 야생생물
국외 IUCN Red List 'NT' (Near Threatened, 준위협)

분류

2006년, 전 세계 양서류를 대상으로 한 생물지리학적, 유전학적, 생태학적 연구들을 종합한 계통분류 연구 결과, 기존 *Rana* 속에 속했던 참개구리를 *Pelophylax* 속으로 재분류하고 학명을 *Pelophylax nigromaculatus* (Hallowell), 1861로 변경했다(Frost *et al.*, 2006).

형태

성체 주둥이부터 총배설강까지의 길이는 6~10㎝이다. 체색과 얼룩무늬는 서식하는 지역에 따라 개체변이가 심하고, 주변 환경에 따라 수시로 체색이 바뀐다. 등면은 황색, 황록색, 황갈색, 녹색, 암녹색 또는 회백색 등으로 매우 다양하고 흑색 반점과 얼룩무늬가 산재한다. 개체에 따라 등면에 흑색 반점과 얼룩무늬가 없는 경우도 있다. 등면에는 줄이 총 3개 있다. 양쪽 가장자리에 뚜렷한 황색, 갈색, 금색 융기선이 2줄 있고, 융기선 사이에 주둥이 끝부터 척추를 따라 총배설강까지 녹색, 담녹색, 암회색 또는 회색 줄무늬가 1줄 있다. 척추를 따라 나 있는 줄무늬는 개체에 따라 색과 굵기가 매우 다양하다. 융기선 2줄 사이에는 짧은 융기선들이 불규칙하게 세로로 나 있다. 배면은 대부분 백색이고, 특별한 무늬는 없으나 개체에 따라 턱 아래, 앞다리 부분에 불규칙한 흑색 반점이 있는 경우도 있다. 뒷다리에 갈색, 흑갈색, 흑색 반점 또는 굵은 줄무늬가 있다. 머리는 둥글고 뾰족하며, 고막은 둥글다. 수컷은 턱 아래에 울음주머니가 한 쌍 있고 울음주머니는 흑갈색, 흑색이다. 번식기에 수컷은 앞발 첫 번째 발가락에 도드라진 흑색 혼인돌기가 발달한다. 암컷이 수컷보다 몸집이 더 크다.

유생(올챙이) 등면은 황색, 황갈색, 녹색, 암녹색 또는 암갈색이며, 흑색 반점이 몸통과 꼬리에 산재한다. 뒷다리가 나올 무렵에 주둥이부터 몸통을 따라 꼬리까지 성체와 같은 가는 담녹색, 황록색 줄무늬가 생긴다. 배면은 백색, 황백색이고 불투명하다. 몸통은 둥글고 꼬리지느러미는 몸통 끝부분부터 시작된다. 위에서 보면 눈은 등면에 있고 분수공은 몸통 왼쪽에 있다. 항문은 꼬리를 중심으로 오른쪽을 향한다. 입판의 치열은 흑색 턱부리를 중심으로 위에 2열, 아래에 3열이 있으며, 위의 두 번째, 아래에 첫 번째 치열은 둘로 나뉜다(Park *et al.*, 2006).

알 공 모양 알은 납작한 덩어리를 이루며, 알 덩어리 지름은 12~20㎝이다. 주로 논, 도랑, 농수로, 농경지, 습지, 저수지의 얕은 물속에 가라앉아 있거나 수초나 식물 잔해에 엉겨 붙어 있다. 알끼리의 접착성이 약하고 탄력이 없어 손에 알 덩어리를 올리면 손가락 사이로 쉽게 흘러내린다. 알 지름은 1.2~1.5㎜이며, 동물극은 흑색, 흑갈색이고 식물극은 백색, 황백색이다. 암컷 한 마리가 알 1,800~3,000개를 낳는다(Goris and Maeda, 2004).

생태

산림지대나 평지의 밭, 논, 도랑, 농수로, 계곡, 하천, 저수지, 습지 주변에 서식한다. 서식지인 물가에서 연중 대부분 시간을 보내고 가을 무렵이면 물가 주변 초지, 밭, 산사면 등으로 이동해 지내기도 한다. 4월부터 활동을 시작해 6월까지 번식한다. 번식지는 산림과 평지 주변 논, 도랑, 농수로, 물웅덩이, 저수지 등과 같은 곳이며, 대부분 논에서 청개구리, 수원청개구리 등과 함께 번식한다. 해발고도가 높은 고산지대 습지에서는 7월에 번식 모습을 관찰할 수도 있다. 수컷이 번식지에 먼저 도착해 특유의 구애울음소리를 낸다. 수컷은 외부에 울음주머니가 있어 무당개구리, 한국산개구리, 옴개구리 등에 비해 구애울음소리가 크다. 수컷은 암컷 등 위에서 겨드랑이를 잡고 포접한다. 10월부터 서식지 주변에 있는 논두렁, 밭두렁, 물웅덩이나 저수지 주변 제방 등에서 흙을 파고들어가 동면한다. 주로 육상에서 거미류를 비롯해 메뚜기, 딱정벌레, 풍뎅이, 먼지벌레와 같은 곤충류, 민달팽이, 달팽이와 같은 복족류, 지렁이와 같은 빈모류를 잡아먹는다(윤 등, 1998). 수명은 8년 정도며, 암컷과 수컷 모두 3~5년생이 주로 번식에 참여한다(유, 2007).

Pelophylax nigromaculatus (Hallowell), 1861

(=*Rana nigromaculata*)

Distribution
Widely distributed throughout Korean peninsula

Identification and ecology
Snout-vent length 6~10㎝. Dorsal color from yellowish brown, brown, greenish yellow, green, to dark green with bold black spots. Commonly a middorsal strip on the dorsal surface. Prominent and brightly colored dosolateral folds. Many short ridges on the entire dorsal surface. Ventral color commonly white with few or no markings. Circular typanum in same or slightly smaller diameter of the eye. Nuptial pads on the front-feet of breeding males. Breeding season from the beginning of April to June. Breeding sites still waters of rice-paddies, ditches, ponds, marshes, and lakes. Breeding males earlier at the breeding sites and wait for breeding females. A pair of vocal sacs with openings at the corners of the mouth in breeding males. Egg mass in approximately 12~20㎝ diameter, flattened on the water surface. Clutch size 1,800~3,000 eggs. Breeding males and females mainly 3~5 years old. Longevity more than 8 years. Hibernating under the ground of crop fields or banks of rice-paddies near summer habitats. Major preys Insecta, Oligochaeta, Gastropoda, and Arachnida including flies, beetles, grasshoppers, plant bugs, spiders, and snails.

알(2011년 5월, 충남 아산)

올챙이(2008년 7월, 강원 고성)

준성체(2007년 7월, 강원 속초)

성체 수컷(위)과 암컷(아래)(2014년 4월, 강원 삼척)

산지 내에 형성된 습지(2013년 6월, 강원 인제)

산지나 평야 주변에 있는 논(2011년 5월, 충남 청양)

산지 주변에 있는 습지(2014년 6월, 충남 태안)

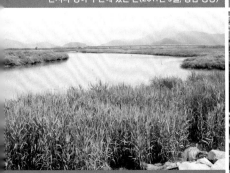

하천 주변에 있는 습지(2013년 6월, 전남 해남)

공원 주변에 있는 연못(2009년 6월, 경기 화성)

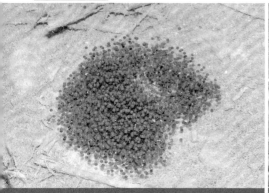

갓 산란한 알 덩어리(2014년 4월, 강원 삼척)

둥글고 납작한 알 덩어리(2014년 4월, 강원 삼척)

수초에 엉겨 붙은 알 덩어리(2011년 5월, 충남 아산)

서로 엉겨 붙은 정도가 약한 알 덩어리(2011년 5월, 충남 아산)

투명한 교질층이 2겹인 알(2010년 6월, 충남 청양)

알에서 부화하는 올챙이(2015년 5월, 경기 김포)

몸통 끝에서부터 발달한 꼬리지느러미(2007년 7월, 강원 고성)

등면에 황록색 줄무늬가 생긴 올챙이(2013년 6월, 충남 아산)

개체변이(2014년 4월, 전남 담양)

개체변이(2010년 7월, 강원 인제)

개체변이(2011년 8월, 전남 해남)

개체변이(2014년 8월, 경남 함안)

개체변이(2015년 7월, 강화도)

개체변이(2011년 9월, 강원 삼척)

개체변이(2014년 8월, 경남 창녕)

개체변이(2011년 8월, 강원 양구)

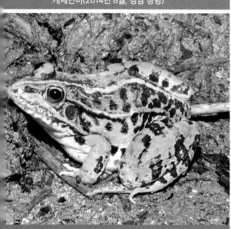

개체변이(2015년 6월, 석모도)

개체변이(2014년 8월, 경남 창녕)

개체변이(2011년 9월, 제주도)

개체변이(2010년 9월, 제주도)

백색증(알비노) 참개구리의 성장 과정(2013년 7월~2015년 7월, 경남 창녕)
1 몸 전체가 황색이고 눈은 붉은색을 띤다.
2 변태 중으로 꼬리가 점점 짧아지고 있다.
3 변태를 거의 마치고 육지로 올라왔다.
4 변태가 끝나 준성체가 되었다.
5 2년생 준성체, 거의 완전한 성체의 모습을 갖췄다.
6 3년생 성체, 일광욕을 하고 있다.

구애울음소리를 내는 수컷(2014년 4월, 강원 삼척)

턱 아래에 울음주머니가 2개 있는 수컷(2014년 4월, 강원 삼척)

암컷 등 위에서 겨드랑이를 잡고 포접한 수컷(2014년 4월, 강원 삼척)

번식기 수컷의 혼인돌기(2014년 4월, 강원 삼

암컷 허리를 잘못 잡고 포접한 수컷(2014년 4월, 강원 삼척)

청개구리(녹색)와 참개구리(갈색) (2014년 4월, 강원 삼척)

논에서 일광욕하는 참개구리(2011년 8월, 경남 창녕)

논둑에서 일광욕하는 참개구리(2011년 8월, 전남 해남)

수풀 사이에서 쉬는 참개구리(2010년 7월, 강원 춘천)

돌 틈으로 몸을 숨긴 참개구리(2011년 8월, 경북 영주)

소금쟁이에게 공격당한 알(2011년 5월, 충남 아산)

황로에게 공격당한 참개구리(2013년 5월, 전남 해남)

척삭동물문 > 양서강 > 무미목 > 개구리과

금개구리 한국고유종

학명 *Pelophylax chosenicus* (Okada), 1931
　　　(=*Rana chosenica*)
영명 Korean golden frog, Gold-spotted pond frog, Seoul frog

분포
국내 인천광역시(강화, 옹진), 경기도(고양, 광명, 시흥, 안산,
　　　파주, 평택), 충청북도(청원), 충청남도(청양, 태안, 논산,
　　　당진, 보령, 서천), 전라북도(김제, 부안)
국외 북한

법정관리현황
국내 멸종위기 야생생물 Ⅱ급 허가대상 야생생물
국외 IUCN Red List 'VU' (Vulnerable, 절멸취약)

분류

2006년, 전 세계 양서류를 대상으로 한 생물지리학적, 유전학적, 생태학적 연구들을 종합한 계통분류 연구 결과, 기존 *Rana* 속에 속했던 금개구리를 *Pelophylax* 속으로 재분류하고 학명을 *Pelophylax chosenicus* (Okada), 1931로 변경했다(Frost *et al.*, 2006).

형태

성체 주둥이부터 총배설강까지의 길이는 4~6cm이다. 등면은 녹색, 황록색, 황갈색, 갈색 또는 암갈색 등으로 서식 지역과 주변 환경에 따라 개체변이가 심하다. 등면에 황갈색, 갈색 또는 흑갈색 반점이 산재한다. 눈 뒤에서부터 등면 양쪽에 뚜렷한 갈색, 금색 융기선 2줄이 있어 3줄(융기선 2줄·줄무늬 1줄)인 참개구리와 쉽게 구별된다. 등면과 몸통 측면에 크고 작은 피부 돌기가 불규칙하게 산재한다. 배면은 대부분 황색이고, 특별한 무늬는 없다. 뒷다리에 굵은 황록색, 청록색, 갈색 줄무늬가 있다. 고막 크기는 수컷은 눈보다 좀 더 크고 암컷은 눈 크기와 거의 같다. 수컷은 턱 아래에 울음주머니가 한 쌍 있지만 크기가 아주 작아 쉽게 눈에 띄지 않는다. 수컷은 번식기에 앞발 첫 번째 발가락에 작은 암회색 혼인돌기가 발달하지만 손으로 만져 봐야 알 수 있다. 암컷이 수컷보다 몸집이 더 크다.

유생(올챙이) 등면은 녹색, 암녹색 또는 암갈색이며, 작은 흑색 반점과 금색 반점이 몸통과 꼬리에 불규칙하게 산재한다. 배면은 황색, 금색으로 불투명하다. 꼬리지느러미는 몸통 끝부분부터 시작되며, 크기가 불규칙한 투명한 반점으로 얼룩덜룩해 보인다. 눈 뒤에서부터 등면 양쪽에 가는 금색 줄무늬가 2줄 있고, 이 줄무늬는 꼬리 측면으로 이어지면서 굵고 명확해진다. 위에서 보면 눈은 측면에 있고 분수공은 몸통 왼쪽에 있다. 항문은 꼬리를 중심으로 중앙을 향한다. 입판의 치열은 흑색 턱부리를 중심으로 위에 1열, 아래에 2열이 있는데, 위의 치열만 둘로 나뉜다(Park *et al.*, 2006).

알 공 모양 알 10~30개가 작은 덩어리를 이루고 수초나 식물 잔해에 엉겨 붙어 있다. 일부 바닥에 떨어진 경우도 있다. 알은 다른 사물에는 잘 달라붙지만 알끼리의 접착성이 약해 쉽게 떨어진다. 알 지름은 1.4~1.8mm이며, 동물극은 흑갈색, 적갈색이고 식물극은 백색, 황백색이다. 암컷 한 마리가 시간을 두고 여러 번에 걸쳐 알 600~1,000개를 낳는다(라, 2010).

생태

평지와 해안가 저지대의 논, 도랑, 농수로, 물웅덩이, 습지, 저수지 등에 서식한다. 특히 수생식물(부엽식물, 정수식물 등)이 풍부한 곳을 서식지로 선호한다. 서식지 인 물가 주변에서 연중 대부분 시간을 보내고 멀리 이동하지 않는다. 4월부터 활동을 시작해 5월부터 7월까지 서식했던 장소에서 번식한다. 번식기 수컷은 수면에 있는 부엽식물이나 수초 위에서 특유의 구애울음소리를 낸다. 수컷은 암컷의 겨드랑이를 잡고 포접한다. 10월이면 서식지 주변에 있는 논둑, 제방, 농경지 부근 밭에서 흙을 파고들어가 동면한다. 육상 거미류를 비롯해 서식지 주변에서 쉽게 포식할 수 있는 파리, 벌, 메뚜기와 같은 곤충류를 주로 잡아먹는다(윤 등, 1998). 7월부터 11월까지 하루 평균 이동거리는 9.8m, 최대 이동거리는 38m로 다른 무미양서류들에 비해 이동성이 매우 낮다. 행동반경도 평균 714㎡로 넓지 않다(Ra et al., 2008). 수명은 6~7년이며, 수컷은 3~4년생이, 암컷은 4~5년생이 주로 번식에 참여한다(Cheong et al., 2007).

Pelophylax chosenicus (Okada), 1931
(=*Rana chosenica*, Endangered species class 'Ⅱ' in Korea, Endemic species of Korea)

Distribution
Incheon(Ganghwa-gun, Ongjin-gun), Gyeonggi-do(Gwangmyeong-si, Goyang-si, Ansan-si, Siheung-si, Pyeongtaek-si, Paju-si), Chungcheongnam-do(Asan-si, Boryeong-si, Cheongyang-gun, Dangjin-gun, Taean-gun, Seocheon-gun) Chungcheongbuk-do(Chungwon-gun), Jeollabuk-do(Kimje-si, Buan-gun)

Identification and ecology
Snout-vent length 4~6㎝. Dorsal color from greenish yellow, green, yellowish brown, brown to dark green with black spots and variable depending on circumstances. Prominent dosolateral folds in unique gold color. Many small bumps on the dorsal surface. Ventral color commonly yellowish white with no markings and its surface very smooth. Circular typanum in one or two times or more than two times bigger diameter of the eye. Nuptial pads on the front-feet of breeding males. Breeding season from the beginning of May to July. A pair of small vocal sacs with openings at the corners of the mouth in breeding males. Breeding sites rice-paddies, ditches, and ponds. Clutch size 600~1,000 eggs, oviposited at once or over several separate times. Adhesive egg mass attached singly or in clumps of 10~30 to rooted vegetations or water plants. Breeding males mainly 3~4 years old and females 4~5 years old. Longevity 6~7 years. Major preys Insecta including ants, beetles, flies, and grasshoppers.

알(2014년 5월, 경남 합천)

올챙이(2007년 7월, 충남 태안)

준성체(2015년 8월, 강화도)

성체 수컷(위)과 암컷(아래)(2014년 5월, 경남 합천)

하천 주변에 있는 배후습지(2013년 10월, 경남 합천)

평야 주변에 있는 연못이나 저수지(2011년 6월, 충남 청양)

논과 도랑(2012년 6월, 충남 아산)

농경지 주변에 있는 수로(2012년 6월, 충남 아산)

수초에 엉겨 붙은 알 덩어리(2014년 5월, 경남 합천)

식물 잔해에 20~30개씩 붙은 알 덩어리(2006년 4월, 충남 태안)

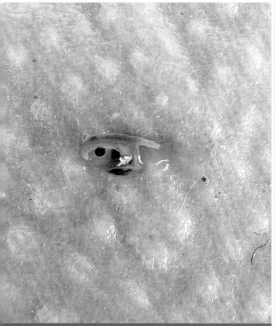

알에서 갓 부화한 올챙이(2006년 7월, 실내 촬영)

몸통 중간부터 발달한 꼬리지느러미(2006년 7월, 실내 촬영)

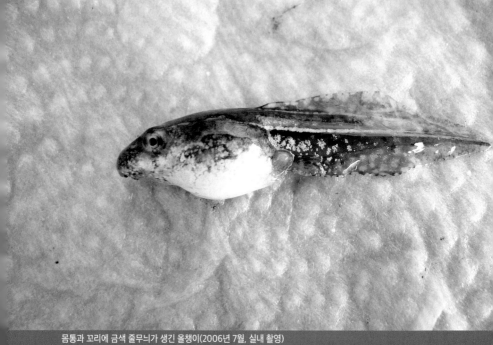

몸통과 꼬리에 금색 줄무늬가 생긴 올챙이(2006년 7월, 실내 촬영)

개체변이(2015년 5월, 경기 김포)

개체변이(2015년 6월, 석모도)

개체변이(2010년 5월, 경기 광주)

개체변이(2012년 6월, 인천 서구)

개체변이(2011년 5월, 충남 태안)

개체변이(2012년 6월, 경기 평택)

금개구리와 참개구리의 교잡종(2014년 7월, 충남 세종)

금개구리와 참개구리의 교잡종(2014년 7월, 충남 세종)

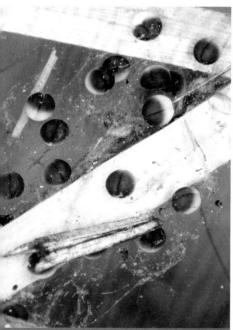

난할이 시작돼 2세포기가 진행된 배아(2006년 4월, 실내 촬영)

기관형성기에 접어든 배아(2006년 4월, 실내 촬영)

구애울음소리를 내는 수컷(2014년 5월, 경남 합천)

도랑에서 일광욕하는 금개구리(2012년 6월, 충남 아산)

암컷의 겨드랑이를 잡고 포접한 수컷(2014년 7월, 대구 달성)

연잎 위에서 일광욕하는 금개구리(2011년 8월, 충남 청양)

메뚜기를 잡아먹는 금개구리(2007년 8월, 실내 촬영)

사마귀를 잡아먹는 금개구리(2006년 7월, 실내 촬영)

탈피한 허물을 먹는 금개구리(2014년 7월, 충남 세종)

흙 속에서 동면하는 금개구리(2006년 3월, 실내 촬영)

논에서 동면하는 금개구리(2007년 10월, 영흥도)

척삭동물문 〉 양서강 〉 무미목 〉 개구리과

옴개구리

학명 *Glandirana rugosa* (Temminck and Schlegel), 1838
　　　(=*Rana rugosa*)
영명 Wrinkled frog, Japanese wrinkled frog

분포

국내 전국(제주도 제외)
국외 중국, 일본, 북한, 러시아, 미국(하와이)

법정관리현황

국내 수출·수입 등의 허가대상 야생생물
국외 IUCN Red List 'LC' (Least Concern, 최소관심)

분류

2006년, 전 세계 양서류를 대상으로 한 생물지리학적, 유전학적, 생태학적 연구들을 종합한 계통분류 연구 결과, 기존 *Rana* 속에 속했던 옴개구리를 *Glandirana* 속으로 재분류하고 학명을 *Glandirana rugosa* (Temminck and Schlegel), 1838로 변경했다 (Frost *et al.*, 2006).

형태

성체 주둥이부터 총배설강까지의 길이는 3~6cm이다. 서식 지역과 주변 환경에 따라 개체변이가 심하다. 등면은 갈색, 황갈색 또는 암갈색이고 작은 흑색 반점 또는 얼룩무늬가 산재한다. 등면 전체와 네 다리에 짧은 융기선들이 뚜렷하다. 융기선은 등면에는 굵게 나타나고 네 다리에는 가늘게 나타난다. 앞다리 일부와 뒷다리에는 굵은 흑색, 흑갈색, 암갈색 줄무늬 또는 반점이 있다. 머리는 둥글고 각진 편이다. 주둥이 부분에는 흑색 반점이 세로로 있어 얼룩덜룩해 보인다. 고막은 뚜렷하다. 수컷은 외부에 울음주머니가 없어 구애울음소리가 작다. 수컷은 번식기에 앞발 첫 번째 발가락에 작은 흑색, 암회색 혼인돌기가 생기지만 눈으로는 잘 구별되지 않는다. 암컷이 수컷보다 몸집이 더 크다.

유생(올챙이) 등면은 황색, 황갈색이고 작은 흑색 반점이 산재한다. 흑색 반점은 꼬리로 갈수록 크고 명확해진다. 꼬리지느러미는 몸통 끝부분부터 시작되며 꼬리는 얼룩덜룩하다. 주둥이 부분에 세로로 된 흑색 반점이 있다. 배면은 황백색, 백색으로 불투명하다. 위에서 보면 눈은 등면에 있고 분수공은 몸통 왼쪽에 있다. 항문은 꼬리를 중심으로 오른쪽을 향한다. 입판의 치열은 각질화된 흑색 턱부리를 중심으로 위에 1열, 아래에 3열이 있는데, 아래 첫 번째만 둘로 나뉜다(Park *et al.*, 2006).

알 공 모양 알은 수십 개에서 수백 개씩 낙엽, 나뭇가지, 수초, 식물 잔해 등에 엉겨 붙어 있다. 알은 다른 사물에는 잘 달라붙지만 알끼리의 접착성은 약해 쉽게 떨어진다. 황색, 황갈색인 알 지름은 1.2~1.5mm이고 투명한 교질층은 2겹이다(강과 유, 1975). 암컷 한 마리가 시간을 두고 1~2회에 걸쳐 알 700~2,600개를 낳는다 (Uchiyama *et al.*, 2002).

생태

전국의 계곡, 하천, 농경지, 수로, 물웅덩이, 저수지, 습지 등에 서식한다. 손으로 만지면 피부와 돌기에서 자극적인 냄새를 풍기는 점액질을 분비한다. 서식지인 물가 주변에서 연중 대부분 시간을 보내고 멀리 이동하지 않는다. 4월부터 활동을 시작해 5월부터 8월까지 번식한다. 번식 기간이 길기 때문에 일찍 번식한 경우에는 부화한 올챙이가 그해에 변태하고 육지로 이동하는 반면, 늦게 번식한 경우에는 올챙이 상태로 겨울을 나고 이듬해 여름에 변태한다(Khonsue et al., 2001). 수컷은 외부에 울음주머니가 없어 구애울음소리가 작다. 수컷은 암컷 등 위에서 겨드랑이를 잡고 포접한다. 10월이면 계곡과 하천 중 유속이 느리고 깊은 물속의 돌, 바위 밑에서 동면하거나 저수지, 물웅덩이 바닥 진흙을 파고들어가 동면한다. 육상에서 활동하는 거미류, 날도래, 파리, 벌, 귀뚜라미와 같은 곤충류를 잡아먹는다. 수명은 6~8년이고 수컷과 암컷 모두 3~5년생이 주로 번식에 참여한다(이 등, 2009).

Glandirana rugosa (Temminck and Schlegel), 1838

(=Rana rugosa)

Distribution
Widely distributed throughout Korean peninsula, excepting Jeju-island

Identification and ecology
Snout-vent length 3~6cm. Dorsal color brown or dark brown with black spots. Many short ridges and warts on the entire dorsal surface, including the limbs, but no dorsolateral folds. Ventral color white to yellow with tiny black spots. Circular typanum in about one-half diameter of the eye. Breeding season between May and August. Breeding sites swamps, rice-paddies, ditches, and backwater pools of slowly moving streams. Clutch size 700~2,600 eggs, oviposited at once or over several separate times. Adhesive egg mass attached singly or in clumps of 30~100 to rocks and floating or water plants. Most tadpoles overwinter in the water and metamorphoze in the spring. Breeding males and females mainly 3~5 years old. Longevity 6~8 years. Major preys Insecta, and Arachnida including ants, flies, beetles, and spiders.

올챙이(2007년 7월, 강원 고성)

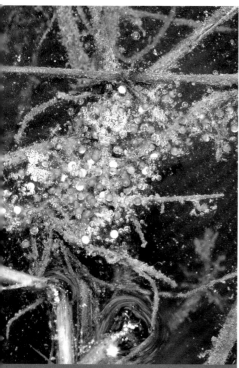

알(2011년 6월, 충남 청양)

준성체(2011년 4월, 대구 경산)

성체 수컷(위)과 암컷(아래)(2014년 6월, 강원 삼척)

산지 주변에 있는 계곡이나 하천(2011년 4월, 강원 영월)

하천 가장자리에 고인 물(2008년 7월, 경북 군위)

농경지 주변에 있는 연못(2011년 6월, 충남 아산)

나뭇가지에 엉겨 붙은 알 덩어리(2008년 7월, 경북 군위)

서로 엉겨 붙은 정도가 약한 알 덩어리(2011년 6월, 충남 청양)

식물 잔해에 10~30개씩 붙은 알(2011년 6월, 충남 청양)

집단으로 낳은 알 덩어리(2010년 6월, 경기 수원)

흑색 잔반점이 산재한 올챙이(2014년 3월, 강원 삼척)

몸통 끝부터 발달한 꼬리 지느러미(2014년 3월, 강원 삼척)

개체변이(2011년 10월, 경기 포천)

개체변이(2011년 10월, 경기 문산)

개체변이(2011년 3월, 충남 청양)

개체변이(2014년 7월, 강원 횡성)

개체변이(2006년 1월, 경기 가평)

개체변이(2006년 1월, 경기 가평)

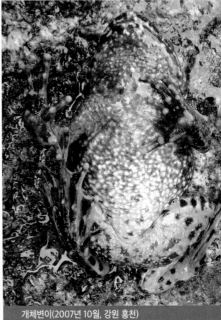

개체변이(2007년 10월, 강원 홍천)

암컷의 겨드랑이를 잡고 포접한 수컷(2014년 6월, 강원 삼척)

기관형성기에 접어든 배아(2014년 6월, 강원 삼척)

올챙이 몸에 분포한 기계적 감각 기관(2007년 4월, 실내 촬영)

주로 밤에 활동하는 옴개구리(2014년 6월, 강원 삼척)

하천에서 일광욕하는 옴개구리(2008년 5월, 경북 군위)

물속에서 동면하는 옴개구리(2011년 3월, 경기 포천)

척삭동물문 > 양서강 > 무미목 > 개구리과

황소개구리

학명 *Lithobates catesbeianus* (Shaw), 1802
  (=*Rana catesbeiana*)
영명 American bullfrog, Bull frog

분포

국내 전국
국외 미국, 멕시코, 프랑스, 벨기에, 스페인, 이탈리아,
  말레이시아, 태국, 대만, 일본

법정관리현황

국내 생태계교란 야생생물
국외 IUCN Red List 'LC' (Least Concern, 최소관심),
  IUCN 전 세계 100대 악성 침입성 외래종(100 of the World's
  Worst Invasive Alien Species)

분류

2006년, 전 세계 양서류를 대상으로 한 생물지리학적, 유전학적, 생태학적 연구들을 종합한 계통분류 연구 결과, 기존 *Rana* 속에 속해 있었던 황소개구리를 *Lithobates* 속으로 재분류하고 학명을 *Lithobates catesbeianus* (Shaw), 1802로 변경했다(Frost *et al.*, 2006).

형태

성체 주둥이부터 총배설강까지의 길이는 6~18cm이다. 서식 지역과 주변 환경에 따라 개체변이가 심하다. 등면은 녹색, 암녹색, 갈색, 암갈색 또는 황갈색이고 흑색 반점과 얼룩무늬가 산재한다. 개체에 따라 등면에 흑색 얼룩무늬가 있는 경우도 있다. 등면 체색은 개체에 따라 다양하지만 머리와 주둥이 부분은 대부분 녹색이다. 등면에 작고 둥근 돌기가 불규칙하게 나 있다. 배면은 불규칙한 백색, 황백색이고 흑색, 암갈색 얼룩무늬가 산재한다. 앞다리와 뒷다리에 흑색 반점 또는 굵은 줄무늬가 있다. 머리는 둥글고 뭉툭하며, 고막은 둥글고 뚜렷하다. 고막의 크기는 수컷의 경우, 눈보다 1.5~2배 더 크고 암컷은 눈과 크기가 비슷하거나 더 작다. 번식기 수컷의 앞발 첫 번째 발가락에 작은 암회색, 흑색 혼인돌기가 생긴다. 암컷이 수컷보다 몸집이 조금 더 크다.

유생(올챙이) 등면은 황갈색, 암갈색이고 작은 흑색 반점이 몸통과 꼬리에 산재한다. 꼬리지느러미는 몸통 끝부분부터 시작되며, 꼬리 전체에 흑색, 황색 반점이 얼룩덜룩하게 나 있다. 배면은 황색, 황백색이고 작은 흑색 반점이 산재한다. 배면은 불투명하다. 눈은 등면에 있고 분수공은 몸통 왼쪽에 있다. 항문은 꼬리를 중심으로 오른쪽을 향한다. 입판의 치열은 흑색 턱부리를 중심으로 위에 3열, 아래에 3열이 있으며, 위 두 번째와 세 번째, 아래 첫 번째만 둘로 나뉜다(Park *et al.*, 2006).

알 공 모양 알은 불규칙한 모양으로 수면 위에 떠 있다. 하천, 저수지, 농수로, 습지 가장자리에 있는 식물 잔해나 중앙에 떠 있는 수초에 엉거 붙어 있다. 알 덩어리 지름은 20~60cm이다. 알은 다른 사물에는 잘 달라붙지만 알끼리의 접착성이 약해 손에 올리면 손가락 사이로 쉽게 흘러내린다. 갓 낳은 알 지름은 1~1.2mm이며, 동물극은 흑색, 암갈색이고 식물극은 백색, 황백색이다. 암컷 한 마리가 알 6,000~40,000 개를 낳는다(Uchiyama *et al.*, 2002).

생태

평야지대, 해안가의 강, 하천, 저수지, 물웅덩이, 농수로, 논 등에 서식한다. 4월부터 활동을 시작하고 곧바로 번식에 들어가 7월까지 번식한다(김과 고, 1988). 수컷은 암컷 등 위에서 겨드랑이를 잡고 포접한다. 우리나라에 서식하는 무미양서류 대부분은 산란한 해에 변태해 육지로 이동하는 반면, 황소개구리 올챙이는 1~2년 동안 물속에서 생활하고 3~4년째 되는 해에 변태한다. 10월이면 서식하는 물속 바닥의 진흙을 파고들어가 동면한다. 번식기 수컷들은 서식지 가장자리 수초가 많은 장소를 두고 서로 경쟁한다. 몸집이 큰 수컷일수록 낮고 긴 구애울음소리를 낼 수 있어 짝짓기에 유리하다. 산란하기 좋은 장소를 차지한 수컷은 구애울음소리를 내어 암컷을 불러 모은다. 번식기 수컷과 암컷의 성비는 7~9:1로 수컷의 출현 비율이 더 높다(Ryan, 1980). 소금쟁이, 물자라, 땅강아지, 먼지벌레, 노린재, 무당벌레, 잠자리 등과 같은 곤충류를 주로 포식하고 거미류, 갑각류, 빈모류, 복족류, 어류, 양서류, 파충류, 조류, 포유류 등 서식지 주변에 있는 거의 모든 동물을 잡아먹는다(이 등, 2016). 심지어 자신보다 몸집이 작은 동종을 잡아먹기도 한다(김과 고, 1998). 원 서식지는 미국 사우스캐롤라이나며, 1957년을 첫 시작으로 1971년부터 우리나라에 도입되었다. 현재 IUCN에서는 황소개구리를 '전 세계 100대 악성 침입성 외래종'으로 지정해 국제 거래를 관리하고 있으며, 우리나라에서도 '생태계교란 야생생물'로 지정해 양식, 거래, 방사 등의 행위를 엄격히 금지하고 있다.

Lithobates catesbeianus (Shaw), 1802
(=*Rana catesbeiana*)

Distribution
Widely distributed throughout Korean peninsula

Identification and ecology
Snout-vent length 6~18cm. Biggest frog in Korea. Dorsal color from green, dark green, yellowish brown, to brown, with irregularly speckled black blotches. Many small bumps on the dorsal surface. No dorsolateral folds. Ventral color white, usually with black blotches and its surface very smooth. Circular typanum in one or two times or ocassionally over two times bigger diameter of the eye. Breeding season from the beginning of April to July. Breeding sites deep still water of marshes, ponds, lakes, canals, and still water edges of large rivers. Nuptial pads on the front-feet of breeding males. Loud advertisement call from a single vocal sac. Male's throat color greenish with yellow mottlings. Operational sex ratio male-biased, ranging 7~9. Jelly-like egg mass in huge rafts at the surface of the water. Clutch size 6,000~40,000 eggs. Aquatic tadpole period 1~2 years before metamorphosis. Major preys water striders, plant bugs, crickets, mole crickets, beetles, dragonflies, wasps, earthworms, even mice and birds.

알(2014년 6월, 경남 창녕)

올챙이(2011년 2월, 경북 김천)

준성체(2011년 5월, 경북 선산)

4년생 준성체(2015년 7월, 경남 창녕)

성체 수컷(2011년 8월, 경북 김천)

성체 암컷(2011년 8월, 경북 김천)

하천과 주변 배후습지(2014년 4월, 경남 창녕)

강과 하구역(2011년 6월, 충남 청양)

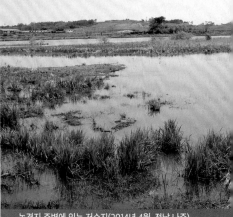

농경지 주변에 있는 저수지(2014년 4월, 전남 나주)

농경지 주변에 있는 농수로(2012년 5월, 강화도)

농경지 주변에 있는 연못과 습지(2014년 6월, 경남 창녕)

수초 주변에 떠 있는 알 덩어리(2013년 5월, 충남 아산)

나뭇가지 주변에 떠 있는 알 덩어리(2013년 5월, 충남 청양)

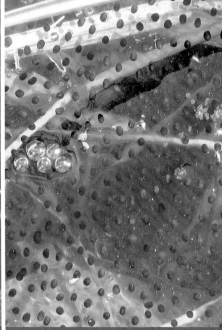

난할이 진행 중인 배아(2007년 7월, 강원 고성)

황색 바탕에 흑색 잔반점이 산재한 올챙이(2011년 3월, 경북 김천)

1년생 올챙이(2007년 7월, 강원 고성)

3년생 올챙이(2011년 2월, 경북 선산)

수컷(2013년 5월, 대구 달성)

암컷(2014년 4월, 전남 나주)

눈보다 고막이 더 큰 수컷(2014년 6월, 실내 촬영)

눈과 고막의 크기가 비슷한 암컷(2014년 6월, 실내 촬영)

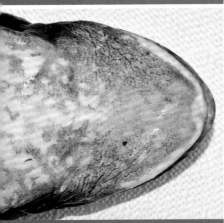

턱 밑이 황색인 수컷(2014년 6월, 실내 촬영)

턱 밑에 특별한 색이 없는 암컷(2014년 6월, 실내 촬영)

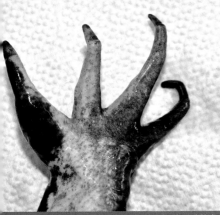

앞발가락에 혼인돌기가 생긴 수컷(2014년 6월, 실내 촬영)

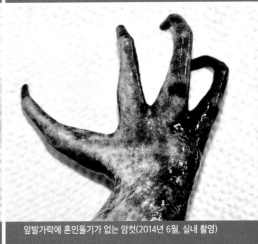

앞발가락에 혼인돌기가 없는 암컷(2014년 6월, 실내 촬영)

개체변이(2013년 5월, 전남 해남)

개체변이(2013년 6월, 전남 나주)

개체변이(2011년 8월, 강원 고성)

개체변이(2009년 8월, 충남 서산)

구애울음소리를 내는 수컷(2013년 5월, 전남 해남)

수초 위에서 쉬는 황소개구리(2012년 5월, 강화도)

탈피한 허물을 먹는 황소개구리(2011년 5월, 경북 김천)

방어 자세를 취한 황소개구리(2007년 2월, 부산 기장)

물웅덩이에서 동면하는 황소개구리(2014년 2월, 경남 창녕)

논둑에서 동면하는 황소개구리(2014년 2월, 경남 창녕)

두꺼비에게 포접당한 성체(2006년 3월, 부산 기장)

채집망을 이용한 황소개구리 올챙이 조사(2014년 4월, 경남 창녕)

채집망에 잡힌 황소개구리 올챙이(2014년 4월, 경남 창녕)

참고문헌

강영선, 윤일병. 1975. 한국동식물도감 제17권 동물편(양서·파충류). 문교부.

고상범, 장민호, 양경식, 오홍식. 2012. 번식기간 중 맹꽁이(*Kaloula borealis*)의 먹이 습성. 한국환경생태학회지, 26(3): 333-341.

고상범, 장민호, 송재영, 양경식, 오홍식. 2013. 제주지역 북방산개구리(*Rana dybowskii*)의 동면 전·후의 위 내용물 비교. 한국양서파충류학회지, 5: 27-32.

고상범, 고영민, 이정현. 2014. 맹꽁이(*Kaloula borealis*) 포접쌍의 개체크기와 연령구조. 한국환경생태학회지, 28(3): 281-286.

고상범, 고영민, 이정현. 2015. 맹꽁이(*Kaloula borealis*) 유생의 생장과 생존에서의 염분영향. 한국환경생태학회지, 29(4): 533-538.

고영민, 장민호, 오홍식. 2007. 한국산 무당개구리(*Bombina orientalis*) 두 개체군의 먹이 습성 비교. 한국환경생태학회지, 21(6): 461-467.

고영민. 2012. 제주도산 북방산개구리(*Rana dybowskii*)의 생활사에 관한 연구. 제주대학교 박사학위논문.

국립생물자원관. 2014. 멸종위기 종 수원청개구리 증식 복원 연구(Ⅲ) 최종보고서. 환경부.

김리태, 한근홍. 2009. 조선동물지(량서파충류편). 과학기술출판사.

김윤정. 2010. 강원대학교 학술림과 화천에 서식하는 북방산개구리(*Rana dybowskii*) 개체군의 신체적 특징과 연령구조비교. 강원대학교 과학교육학부 학사학위논문.

김은지, 황지희, 정훈. 2012. 간접적인 카니발리즘 경험에 의한 한국산 도롱뇽 유생의 표현형의 변화. 한국환경생태학회지, 26(3): 342-347.

김자경, 박대식, 이헌주, 정수민, 김일훈. 2014. 고리도롱뇽의 번식이주 시기와 기후요소와의 관계. 생태와 환경, 47(3): 194-201.

김혜숙, 고선근. 1998. 도입된 황소개구리(*Rana catesbeiana*)의 분포, 식성과 생식세포형성주기에 관한 연구. 산림과학논문집, 57: 165-177.

나수미, 심정은, 김현정, 안치경, 이훈복. 2015. 인위적으로 조성한 세 가지 수온이 계곡산개구리(*Rana huanrenensis*) 알의 부화율, 부화기간 및 유생의 생장에 미치는 영향 연구. 한국습지학회지, 17(3): 320-324.

라남용. 2010. 멸종위기종인 금개구리(*Rana plancyi chosenica*)의 서식 특성, 증식 기술 및 복원 전략. 강원대학교 박사학위논문.

박예슬. 2013. 한국산 무당개구리(*Bombina orientalis*)의 성 선택에 관한 연구. 삼육대학교 석사학위논문.

박희원. 2010. 고리도롱뇽(*Hynobius yangi*) 짝짓기 행동의 수컷 크기를 고려한 정량적 분석. 강원대학교 석사학위논문.

서민정. 2011. 강원대학교 학술림에 서식하는 계곡산개구리(*Rana huanrenensis*)의 신체적 특징과 연령구조. 강원대학교 석사학위논문.

송보배. 2011. 제주도롱뇽(*Hynobius quelpaertensis*) 수컷 크기에 따른 짝짓기 행동의 분석. 강원대학교 석사학위논문.

송원경. 2015. 종분포모형을 이용한 수원청개구리(*Hyla suweonensis*)의 번식기 서식지 분석. 한국환경복원녹화학회지, 18(1): 71-82.

양서영, 박병상, 손홍종. 1981. 한국산 청개구리속(Genus *Hyla*) 종간비교. 인하대학교 기초과학연구소논문집, 2: 75-83.

양서영, 박병상. 1988. 한국산 청개구리속 2종의 종 분화에 관한 연구. 한국동물학회지, 31: 11-20.

양서영, 김종범, 민미숙, 서재화, 강영진. 2001. 한국의 양서류. 아카데미서적.

유지혜. 2007. 뼈나이결정법에 의한 참개구리(*Rana nigromaculata*)의 연령측정과 음성변이. 한국교원대학교 석사학위논문.

윤일병, 이성진, 양서영. 1996a. 도롱뇽과 꼬리치레도롱뇽의 먹이자원 및 생활사에 관한 연구. 한국환경생물학회지, 14(2): 195-203.

윤일병, 이성진, 양서영. 1996b. 청개구리와 무당개구리의 식성 및 생활사에 관한 연구. 한국환경생물학회지, 14(1): 81-94.

윤일병, 김종인, 양서영. 1998. 한국산 참개구리와 금개구리의 식성에 관한 연구. 한국환경생물학회지, 16(2): 69-76.

이정현. 2007. 고리도롱뇽(*Hynobius yangi*)의 번식생태와 연령구조. 강원대학교 석사학위논문.

이정현, 이창우, 양희선, 김태성, 이정희, 박상정, 양병국. 2013. 번식 후, 수컷 두꺼비(*Bufo gargarizans*)의 서식지 분산과 이동경향. 한국양서파충류학회지, 5:1-8.

이정현, 이창우, 임정철, 양병국, 박대식. 2016. 가항늪에 서식하는 황소개구리(*Lithobates catesbeianus*)의 먹이원 분석 연구. 한국환경생태학회지(2016년 투고 예정).

이헌주, 박대식, 이정현. 2009. 경기도 양평군에 위치한 옴개구리(*Rana rugosa*) 개체군의 연령구조와 개체들의 신체특징. 한국양서파충류학회지, 1(1): 35-43.

주영돈. 2009. 한국고유종 이끼도롱뇽(양서강, 도롱뇽목, 미주도롱뇽과)의 해부학적 분류형질 및 식이물 분석. 인천대학교 석사학위논문.

함충호. 2014. 청개구리(*Hyla japonica*)와 수원청개구리(*Hyla suweonensis*)의 형태, 나이구조 및 짝짓기 소리 특성. 전남대학교 석사학위논문.

Chenog SK, Park DS, Sung HC, Lee JH, and Park SR. 2007. Skeletochronological age determination and comparative demographic analysis of two populations of the gold-spotted pond frog(*Rana chosenica*). Journal of Ecology and Field Biology, 30(1): 57-62.

Frost DR, Grant T, Faivovich J, Bain RH, Haas A, Haddad CFB, De SáRO, Channing A,

Wilkinson M, Donnellan SC, Raxworthy CJ, Campbell JA, Blotto BL, Moler P, Drewes RC, Nussbaum RA, Lynch JD, Green DM, and Wheeler WC. 2006. The amphibian tree of life, Bulletin of the American Museum of Natural History, 297-370. pp.

Goris RC and Maeda N. 2004. Guide to the amphibians and reptiles of Japan. Krieger Publishing Company.

Halliday T and Adler K. 2004. The new encyclopedia of reptiles and amphibians. Oxford University Press.

Khonsue W, Matsui M, Hirai T, and Misawa Y. 2001. Age determination of wrinkled frog, *Rana rugosa* with special reference to high variation in postmetamorphic body size(Amphibia: Ranidae). Zoological Science, 18: 605-612.

Kim JB, Min MS, and Matsui M. 2003. A new species of lentic breeding Korean salamander of the genus *Hynobius* (Amphibia, Urodela). Zoological Science, 20: 1163-1169.

Kim JK, Lee JH, Ra NY, Lee HJ, Eom JH, and Park DS. 2009. Reproductive function of the body and tail undulations of *Hynobius leechii* (Amphibia: Hynobiidae): A quantitative approach. Animal Cells and Systems, 13: 71-78.

Kuramoto M. 1980. Mating calls of tree frogs(Genus *Hyla*) in the far East, with description of a new species from Korea. Copeia, 1980(1): 100-108.

Lee JH and Park DS. 2008. Effects of physical parameters and age on the order of entrance of *Hynobius leechii* to a breeding pond. Journal of Ecology and Field Biology, 31(3): 183-191.

Lee JH, Ra NY, Eom JH, and Park DS. 2008. Population dynamics of the long-tailed clawed salamander larva, *Onychodactylus fischeri*, and its age structure in Korea. Journal of Ecology and Field Biology, 31(1): 31-36.

Lee JH and Park DS. 2009. Effects of body size, operational sex ratio, and age on pairing by the Asian toad, *Bufo stejnegeri*. Zoological Studies, 48(3): 334-342.

Lee JH, Min MS, Kim TH, Beak HJ, Lee H, Park DS. 2010. Age structure and growth rates of two Korean salamander species(*Hynobius yangi* and *Hynobius quelpaertensis*) from field populations. Animal Cells and Systems. 14(4): 315-322.

Lu Y, and Li P. 2002. A new woodfrog of the genus *Rana* in Mt. Kunyu, Shandong Province, China(Amphibia: Anura: Ranidae). Acta Zootaxonomica Sinica, 27: 162-166.

Min MS, Yang SY, Bonett RM, Vieites DR, Brandon RA, and Wake DB. 2005. Discovery of the Asian plethodontid salamander. Nature, 3474: 1-3.

Matsui, M. 2014. Description of a new brown frog from Tsushima Island, Japan(Anura: Ranidae: *Rana*). Zoological Science, 31: 613-620.

Nikolay A, Poyarkov jr., Jing C, Min MS, Masaki O, Fang Y, Cheng L, Koji I, and David RV. 2012. Review of the systematics, morphology and distribution of Asian clawed salamanders, genus *Onychodactylus* (Amphibia, Caudata, Hynobiidae), with the description of four new species. Zootaxa, 3465: 1-106.

Park DS. 2005. The first observation of breeding of the long-tailed clawed salamander, *Onychodactylus fischeri*, in the field. Current Herpetology, 24(1): 7-12.

Park DS, Cheong SK, and Sung HC. 2006. Morphological characterization and classification of anuran tadpoles in Korea. Journal of Ecology and Field Biology, 29(5): 425-432.

Park DS, Lee JH, Ra NY, and Eom JH. 2008. Male salamanders *Hynobius leechii* Respond to water vibrations via the mechanosensory lateral line system. Journal of Herpetology, 42(4): 615-625.

Ra NY, Sung HC, Cheong SK, Lee JH, Eom JH, and Park DS. 2008. Habitat use and home range of the endangered gold-spotted pond frog(*Rana chosenica*). Zoological Science, 25: 894-903.

Ryan MJ. 1980. The reproductive behavior of the bullfrog(*Rana catesbeiana*). Copeia, 1980(1): 108-114.

Sung HC, Park OH, Kim SY, Park DS, and Park SR. 2007. Abundance and breeding migration of the Asian toad(*Bufo gargarizans*). Journal of Ecology and Field Biology, 30(4): 287-292.

Takahara T, Kohmatsu Y, Maruyama A, and Yamaoka R. 2006. Specific behavioral responses of *Hyla japonica* tadpoles to chemical cues released by two predator species. Current Herpetology, 25(2): 65-70.

Uchiyama R, Maeda N, Numata K, and Seki S, 2002. A photographic guide: Amphibians and reptiles in Japan. Heibonsha.

Yang SY, Kim JB, Min MS, Suh JH, and Suk HY. 1997. Genetic and phenetic differentiation among three forms of Korean salamander *Hynobius leechii*. Korean Journal of Biological Science, 1: 247-257.

Yu TL, Gu YS, and Lu X. 2009. Seasonal variation and ontogenetic change in the diet of a population of *Bufo gargarizans* from the farmland, Sichuan, China. Biharean Biologist, 3(2): 99-104.

Zhou Y, Yang BT, Li PP, Min MS, Fong JJ, Dong BJ, Zhou ZY, and Lu YY. 2015. Molecular and morphological evidence for *Rana kunyuensis* as a junior synonym of *Rana coreana* (Anura: Ranidae). Journal of Herpetology, 49(2): 302-307.

국명 및 학명 찾아보기